W0287309

Hühnerhaltung gut durchdacht

Schritt für Schritt ohne Vorerfahrung zu glücklichen Hühnern im eigenen Garten

1. Auflage

ISBN: 9798554180866

Haftungsausschluss

Die Informationen in diesem Buch sind mit größter Sorgfalt zusammengestellt, allerdings kann für die Richtigkeit, Vollständigkeit und Aktualität dennoch keine Gewähr übernommen werden, denn veterinärmedizinisches Wissen und Erkenntnisse über Hühner entwickeln sich stetig weiter. Der Inhalt des Buches beruht auf der Erfahrung und der Einstellung der Autorin. Es wird weder eine Haftung noch eine juristische Verantwortung für Schäden übernommen, die durch Missverständnisse beim Lesen entstehen. Auch übernimmt die Autorin keine Verantwortung dafür, dass die Methoden aus dem Buch zum Gelingen führen, sie stellen lediglich eine neutrale Information dar. Dieses Buch ersetzt keinesfalls die Beratung und Betreuung durch einen Fachmann, Autorin wie auch Herausgeberin übernehmen keine Haftung für Schäden oder Unannehmlichkeiten, die sich aus der Anwendung der im Buch beschriebenen Erfahrungen und Meinungen ergeben.

Hühner werden schon seit mehr als 2000 Jahren gehalten, lange Zeit nur als Fleisch- und Eilieferanten. Mittlerweile gibt es noch viele weitere Gründe. Einige von uns haben schöne Kindheitserinnerungen an den Hühnerstall der Großeltern, andere wollen ein Zeichen gegen die Massentierhaltung setzen und diese nicht unnötig unterstützen, und schließlich spielen auch die Liebe zum Tier und der Wunsch nach einem natürlicheren Umfeld eine zunehmend wichtige Rolle. Und Sie wären auch nicht der erste Elternteil, der nach dem Besuch einer Geflügelausstellung zum Zeitvertreib für die Kinder oder nach dem Einkauf im Hofladen mit der Idee: „Wir gründen einen Hühnerhof!“ nach Hause kommt.

Mit eigenen Hühnern können Sie sich auch in Wohngebieten zumindest ein wenig den Traum vom eigenen Bauernhof erfüllen und Ihren Kindern den respektvollen und liebevollen Umgang mit Tieren und der Natur nahebringen.

Als Haus- und Nutztiere sind Hühner bestens geeignet. Sie sind vergleichsweise einfach zu halten, sozial, unkompliziert und liefern dazu noch jede Menge köstlicher Eier, die Sie zum Frühstück oder zum Kuchenbacken verwenden können. Und wenn Sie es übers Herz bringen, landet das ein oder andere Huhn auch einmal als Hühnersuppe oder Brathühnchen auf Ihrem Tisch.

Doch das ist längst nicht alles. Denn Hühner haben – auch wenn Sie das vielleicht bislang gar nicht dachten – Charakter. Sie sind mindestens so schlau wie Hunde und Katzen und nicht nur an guten sozialen Kontakten zu Ihren Artgenossen, sondern auch zum Menschen interessiert. Zahme Hühner kommen auf Zuruf, sie lassen sich hochheben, streicheln und einige Exemplare mögen es sogar, mit „ihrem“ Menschen zu kuscheln. Um ein vertrauensvolles Verhältnis aufzubauen, ist es wichtig, dass Sie sich nicht nur mit dem Sozialleben, sondern auch den Bedürfnissen dieser faszinierenden Vögel vertraut machen, die schon seit mehr als 2000 Jahren mit dem Menschen zusammenleben.

Damit die Lust am Huhn nicht zum Frust wird und Sie sich an Ihren neuen Familienmitgliedern und täglich frischen Eiern erfreuen können, gibt es dieses Buch. Auch als völliger Anfänger in Sachen Hühnerhaltung leite ich Sie Schritt für Schritt durch alles, was Sie über Hühner wissen müssen, um ihnen ein glückliches und entspanntes Leben zu bieten, – und dabei selbst entspannt zu bleiben.

Inhalt

Grundlagen der privaten Hühnerhaltung

Möchten Sie eigene Hühner auf dem Grundstück halten, steht am Anfang eine gründliche Planung. Diese betrifft die Auswahl der Hühnerrasse, den Bau eines Hühnerstalls und verschiedene organisatorische Aspekte. Ebenfalls wichtig ist es, sich gründlich mit der rechtlichen Seite des eigenen Hühnerstalls zu befassen.

Schließlich sollten Sie sich vorab gründlich über die wichtigsten Grundsätze der Hühnerhaltung sowie über die konkreten Ansprüche der von Ihnen gewählten Rasse informieren.

Wie viel Platz braucht ein Huhn?

Jedes Huhn braucht ausreichend Bewegungsfläche, hier gilt: Je mehr, umso besser. Als Faustregel gilt eine Fläche von 10 m² pro Huhn. Weiterhin müssen Sie entscheiden, ob Ihren Hühnern der gesamte – gut gesicherte – Garten zur Verfügung steht oder ob Sie einen Bereich auf dem Grundstück abgrenzen, der allein für die Tiere reserviert ist. Je nachdem, wie flugfähig und geschickt Ihre Hühner sind, muss auch die Einfriedung des Hühnerauslaufs entsprechend gebaut werden.

Der Stall – das Zuhause für Ihre Hühner

Auch bei einer weitgehenden Freilandhaltung brauchen Hühner einen sicheren Unterschlupf zum Schutz vor der Witterung, aber auch vor Fressfeinden. Geeignet sind sowohl ein bereits vorhandener Schuppen oder ein Gartenhaus, die entsprechend ausgebaut werden, als auch ein eigens errichteter Hühnerstall. Letzteren können Sie selbst konstruieren oder auf einen fertigen Stall aus dem Fachhandel zurückgreifen. Gerade wenn nur wenige Hühner oder Zwerghühner im eigenen Garten gehalten werden sollen, bietet der Handel preisgünstige und leicht zu montierende Modelle an. Da die meisten Hühner winterhart sind, ist eine Isolierung des Stalls nicht erforderlich. Er sollte lediglich winddicht, gut belüftet, einbruchssicher und trocken sein.

Der Freilauf

Zwar ist eine reine Stallhaltung für Hühner möglich, artgerechter ist es jedoch, wenn die Tiere auch ins Freie können. Im sicher eingezäunten Freilauf können die Tiere ihren natürlichen Bedürfnissen nachgehen, sich Ihr eigenes Futter suchen und sich ausreichend Bewegung verschaffen. Wichtig für den Freilauf ist, dass er sicher eingezäunt ist und die Bedürfnisse der Tiere erfüllt.

Die Auswahl der Hühnerrasse

Insgesamt gibt es mehr als 180 anerkannte Hühnerrassen mit unterschiedlichen Eigenschaften. Einige Rassen sind besonders anspruchslos und friedlich, andere überzeugen mit einer hohen Legeleistung oder können nicht nur für die Eiproduktion genutzt werden, sondern kommen auch als Tafelhuhn auf den Tisch. Steigen Sie neu in die private Hühnerhaltung ein, eignen sich verschiedene Anfängerrassen besonders gut.

In diesem Zusammenhang sollten Sie sich auch entscheiden, ob Sie Ihre Hühnerhorde durch einen Hahn ergänzen möchten. Erforderlich ist dies nicht, dennoch bringt ein Hahn verschiedene Vorteile mit sich. So sorgt er für Ruhe in der Herde, fungiert als Beschützer und Bewacher und sorgt natürlich auch für Nachwuchs. Entscheiden Sie sich für einen

Hahn, müssen diesem ausreichend Hühner zur Verfügung stehen, damit es nicht zum Begattungsstress kommt. Pro Hahn sollten 6 Hühner gehalten werden.

Der Hühnerkauf

Ist die Auswahl der Rasse getroffen, ein vertrauenswürdiger Verkäufer gefunden und alles vorbereitet, können die Hühner eingekauft werden. Hühner sollten Sie nicht im Internet oder auf dem Kleintiermarkt kaufen. Besser ist ein Gang zum Züchter. Dies garantiert gesunde Tiere aus guter und ebenfalls gesunder Abstammung. Gleichzeitig steht Ihnen auch nach dem Kauf ein erfahrener Ansprechpartner zur Verfügung, wenn es Probleme oder Fragen geben sollte. Seriöse Hühnerzüchter vermittelt der örtliche Geflügelzüchterverein. Für einige Rassen gibt es spezielle Interessensverbände. Die Hühner Ihrer Wahl sollten beim Kauf geimpft und entwurmt sein.

Ob Sie sich "gerettete Hühner" aus Massentierhaltung anschaffen, sollten Sie sich dies gründlich überlegen. Diese Hybridhühner (aus verschiedenen Rassen gekreuzte Tiere) sind häufig anfällig für Krankheiten, oft verhaltensgestört und stellen besondere Ansprüche an Haltung und Futter. Da die Hühner rein auf Leistung gezüchtet sind, sodass sie möglichst viele Eier legen, benötigen Sie spezielles Futter, das den hohen Kalorienbedarf deckt. Hinzu kommt, dass diese Hühner meist Schlimmes erlebt haben – einige davon erholen sich nie mehr ganz und gar.

Sollten Sie sich aus Tierliebe für solche Hühner entscheiden, können Sie sich an einen der Vereine zur Rettung von Hühnern aus Massentierhaltung wenden. Dort erhalten Sie wichtige Informationen zu den Besonderheiten dieser Tiere.

Arbeiten im Hühnerstall

Sind die Hühner eingezogen, fallen neben dem Einsammeln der Eier täglich verschiedene Arbeiten und Aufgaben an. Besonders wichtig ist die Hygiene. Futtertrog und Tränke sollten alle zwei bis drei Tage gründlich gereinigt werden. Ebenso müssen Sie den Stall – vor allem im Winter – regelmäßig ausmisten und ihn einmal monatlich komplett reinigen und desinfizieren. Mehr dazu lesen Sie im Kapitel „Hühnerstall und Freilauf".

Behalten Sie den Überblick!

Damit Sie immer den Überblick über Ihren Hühnerbestand behalten, empfiehlt es sich, ein Stallbuch anzulegen. Ideal ist ein Ordner, in dem Sie alle Unterlagen rund um Ihre Hühner aufbewahren, die wichtigsten Adressen und Telefonnummern notieren, Belege und Impfnachweise sammeln und Notizen über Ihre Hühner festhalten.

Ein übersichtliches Stallbuch kann zum Beispiel folgendermaßen aufgebaut sein:

Adressliste

Dort verwahren Sie die Adressen und Kontaktdaten von Tierarzt, Veterinäramt, Tierseuchenkasse, Züchter und Futtermittelhändler und haben diese bei Bedarf jederzeit schnell zur Hand.

Auflistung des Hühnerbestandes

Im Bestandsregister vermerken Sie Zu- und Abgänge sowie die Verkäufer Ihrer Hühner. Ebenfalls sinnvoll ist es, Besonderheiten einzelner Tiere wie Krankheiten, spezielle Futtergewohnheiten oder Ähnliches dort aufzulisten.

Legeliste

Mit einer Legeliste, in die sie täglich die Anzahl der gesammelten Eier eintragen, können Sie über einen längeren Zeitraum nachvollziehen, wie viele Eier Ihre Hennen insgesamt gelegt haben.

Impftermine und Impfnachweise

Hiermit behalten Sie jederzeit den Überblick, wann die nächste Impfung für Ihre Hühner fällig wird, und haben einen Nachweis über die ordnungsgemäße Impfung der Tiere. Dies kann besonders im Seuchenfall wichtig werden.

Arzneimittelverwendung und Belege vom Tierarzt

Wann wurden Ihre Hühner das letzte Mal entwurmt, welche Medikamente haben Sie selbst, welche der Tierarzt verabreicht? Die Belege für den Kauf von Medikamenten sowie vom Tierarzt verabreichte Arzneimittel können Sie jederzeit nachschlagen.

Hühnerrassen für Anfänger

Insgesamt gibt es mehr als 180 verschiedene Hühnerrassen, für welche Sie sich entscheiden können, von denen nicht alle gleich gut für die Haltung im privaten Hühnerhaus geeignet sind. Grundsätzlich unterscheidet man zwischen Nutzgeflügel und Zierhühnern. Bevor Sie Ihre Lieblingsrasse auswählen, sollten Sie sich darüber klar werden, ob Sie vorwiegend die Eier oder gerne auch das Hühnerfleisch genießen möchten. Ebenfalls sollten Sie sich vorab überlegen, welche Eigenschaften Ihre Hühner haben sollen. Wünschen Sie sich besonders zutrauliche Tiere oder sollen Sie hauptsächlich robust sein? Ist es in Ihrem Garten häufig laut und unruhig, sollten Sie sich für eine entspannte und wenig stressanfällige Rasse entscheiden.

Können Sie sich nicht entscheiden oder ist es Ihnen gar nicht so wichtig, ob Ihre Hühner nur Eier oder auch ihr Fleisch zu bieten haben, ist eine der Zwiehuhnrassen für Ihre Zwecke gut geeignet – oder Sie wählen einfach die Hühnerrasse, die zu Ihnen charakterlich am besten passt und Ihnen optisch am besten gefällt. Da gibt es robuste Rassen wie zum Beispiel die Altsteirer Hühner aus Österreich oder Hühner, die besonders gerne brüten wie die beeindruckend großen Brahma aus Amerika. Im Folgenden finden Sie Vorschläge zu besonders anfängerfreundlichen Rassen, die auch kleine Irrtümer und Fehler im Umgang oder in der Haltung nicht gleich übelnehmen.

Das Altsteirer Huhn

Diese schnellwachsende und robuste Hühnerrasse stammt aus Österreich und unterteilt sich farblich in die Wildbraunen und die Weißen. Diese Hühner – vor allem die Wildbraunen – brauchen viel Auslauf und fliegen bei genügend Platz gerne auch mal bis zu einer Höhe von 2,50 m. Hält man die Altsteirer zu beengt, verlieren sie die Lust am Brüten. Diese Rasse ist sehr verträglich und sozial, selbst mehrere Hähne verstehen sich in der Regel oft gut, wenn sie sich entsprechend ausweichen können.

Wer selbständige Hühner mag und sich nicht allzu viele Gedanken ums Futter machen will, wird sich über die Altsteirer freuen, denn sie suchen sich ihr Futter gerne selbst. Vor allem im Winter, wenn das Angebot im Freilauf knapp wird, ist dennoch eine entsprechende Zufütterung nötig. Die Altsteirer lieben große Freiflächen, geben sich dafür aber auch mit einem einfachen, geschützten Hühnerstall mit ausreichend Stangen zufrieden.

Ab Februar beginnt für die Hennen die Legesaison. Mit einer Jahresleistung von 180 bis 200 Eier im ersten Legejahr können Sie sich schon mit wenigen Hühnern bestens mit Eiern versorgen. Die frühreifen Hennen beginnen ab einem Alter von 4,5 bis 5 Monaten mit dem Legen. Gerade dann, wenn die Hühner viel Freilauf haben und sich ihr Futter selbst suchen, liefern sie ausgezeichnete Eier in hoher Qualität. Allerdings sind die Gelege oft nicht leicht zu finden, denn die Hühner entscheiden selbst, wo sie diese ablegen und zeigen sich dabei häufig ziemlich einfallsreich. Wer gerne das ganze Jahr über Ostern hat, wird sich darüber freuen.

Das Altsteirer Huhn auf einen Blick:

- Herkunft: Österreich
- Legeleistung: 180 bis 200 Eier im ersten Legejahr
- Eigewicht: 50 bis 60 Gramm
- Eifarbe: weiß bis elfenbeinfarben
- Gewicht: Huhn 2,0 bis 2,75 kg, Hahn 2,5 bis 3,25 kg

Eigenschaften:

- frühreif
- kälteunempfindlich
- robust
- anfängerfreundlich
- flugfreudig

Altsteirer Hühner stehen auf der Liste der gefährdeten Haustierrassen. Umso wichtiger ist es, diese Rasse zu erhalten. Bezugsquellen finden Sie über die ARCHE Austria - Verein zur Erhaltung seltener Nutztierrassen.

Das Araucana

Das leichte, anspruchslose Araucana stammt aus Chile und ist in vielen verschiedenen Farbschlägen von schwarz bis weiß zu finden. Auffällig an dieser Anfängerrasse sind die grünen Eier sowie die kleinen Bommeln dort, wo bei anderen Hühnerrassen die Ohrlappen wachsen. Araucanas sind sehr robust, eifrige Futtersucher und schnell zahm. Auch an den Auslauf haben sie eher wenige Ansprüche und können theoretisch sogar ohne Freilauf gehalten werden, wenn der Stall groß genug ist. Die Hühner sind wendig und schlau, deshalb sollte die Einzäunung sehr dicht, engmaschig und mindestens 1,50 m hoch sein.

Abbildung 1 Ein Araucana Hahn in Pose

Auch hinsichtlich der Futteransprüche haben Sie es mit dem Araucana einfach. Allerdings sollten die Tiere wenig breiiges Futter erhalten, denn dies verklebt den Kopfschmuck, was wiederum zum Federpicken führen kann. Die frühreifen Hennen legen ab einem Alter von 4 bis 4,5 Monaten die ersten Eier. Da sich die Rasse auch als Tafelhuhn eignet, zählen Araucana trotz ihrer passablen Legeleistung von 180 Eiern zu den Zwiehuhnrassen.

Das Araucana auf einen Blick:

- Herkunft: Südamerika/ Chile
- Legeleistung: 180 Eier im ersten Legejahr
- Eigewicht: 50 Gramm
- Eifarbe: grünblau oder blaugrün (Grünleger)
- Gewicht: Huhn 1,6 bis 2,0 kg, Hahn 2 bis 2,5 kg

Eigenschaften:

- frühreif
- Grünleger
- robust
- schnell zutraulich
- friedlich

Grüne Eier gelten aufgrund des geringen Cholesteringehalts als gesünder als andere Eier. Dies ist allerdings ein Mythos und stimmt nur für die Eier bestimmter Hennen.

Das Barnevelder Huhn

Dieses Huhn fliegt nicht, deshalb ist das Barnevelder für die Haltung auf dem eigenen Grundstück besonders gut geeignet. Diese holländische Hühnerrasse ist ausgesprochen sanft, sehr friedlich und wird schnell zutraulich. Die Tiere sind außerdem robust und scharrfreudig, dadurch reduziert sich der Fütterungsaufwand in der warmen Jahreszeit deutlich. Die Barnevelder ordnen sich leicht unter und können gut mit anderen Hühnerrassen zusammen gehalten werden. Da die Hühner auch im Winter Eier legen, sind Sie das ganze Jahr über gut versorgt.

Zu beachten ist bei dieser Rasse, die aufgrund der großen Eier sehr beliebt ist, die Anfälligkeit für die Mareksche Lähme. Diese Viruserkrankung ist sehr ansteckend und führt in der Regel zum Tod. Abhilfe schafft eine Impfung, die möglichst direkt nach dem Schlüpfen durchgeführt werden sollte.

Das Barnevelder Huhn auf einen Blick:

- Herkunft: Holland
- Legeleistung: 180 Eier im ersten Legejahr, 130 Eier im zweiten Jahr
- Eigewicht: 60 bis 70 Gramm
- Eifarbe: dunkelbraun, später heller
- Gewicht: Huhn: 2,5 bis 2,7 kg, Hahn 3 bis 3,5 kg

Eigenschaften:

- Winterleger
- schnell zutraulich
- friedlich
- robust

Das Bielefelder Kennhuhn

Aus Deutschland stammt das Bielefelder Kennhuhn, das in den Farbschlägen kennsperber (gesperbert-rot-wildfarbig) und silber-kennsperber gezüchtet wird. Aufgrund ihres hohen Gewichts sind diese Hühner eher gemütlich und verhalten sich ruhig und friedlich.

Die gesprenkelten Hühner sind anspruchslos und können gut im kleineren Gehege gehalten werden. Da sie nicht fliegen, reicht ein niedriges Hühnernetz mit einer Höhe von 1 bis 1,40 Meter als Abgrenzung nach oben aus. Richtig glücklich wird diese Hühnerrasse allerdings nur mit genug Auslauf, denn die Tiere suchen sich ihr Futter am liebsten selbst. Bei zu wenig Bewegung neigen die Bielefelder zur Verfettung. Trotz ihrer Robustheit sind die Tiere anfällig gegen Stress und sollten in einer ruhigen Umgebung gehalten werden.

Die ersten Eier legen die Bielefelder Kennhühner ab einem Alter von 7 bis 8 Monaten. Sie legen das ganze Jahr über, allerdings lässt die Anzahl der Eier im Winter deutlich nach.

Das Bielefelder Kennhuhn auf einen Blick:

- Herkunft: Deutschland
- Legeleistung: 220 Eier im ersten Legejahr
- Eigewicht: 55 bis 65 Gramm je nach Alter
- Eifarbe: braun
- Gewicht: Huhn 2,5 bis 3,25 kg, Hahn 3 bis 4 kg

Eigenschaften:

- frühreif
- kälteunempfindlich
- robust
- anfängerfreundlich
- Winterleger
- flugfaul

Das Brahma-Huhn

Beindruckend groß zeigt sich das amerikanische Brahma-Huhn in vielen Farbschlägen von weiß-schwarz-columbia bis schwarz oder blau. Vorausgesetzt, sie leben in einer ruhigen und möglichst stressarmen Umgebung, sind diese Hühner in der Haltung anspruchslos und kommen sogar mit wenig Freilauf aus. Allerdings neigen Sie dann – wie die meisten Hühnerrassen – zur Verfettung. Die ruhigen Hühner sind gerne vertrauensvoll und werden entsprechend schnell zutraulich. Darüber hinaus sind sie furchtlos und stellen sich einer Gefahr – zum Beispiel einem kleineren Fressfeind – auch schon einmal mutig entgegen.

Aufgrund Ihrer Größe schlafen Brahmas nicht wie andere Hühner auf der Stange, sondern bleiben auf dem Boden. Die Federfüße, die sie optisch so besonders machen, werden leicht schmutzig, deshalb ist eine gute Hygiene im Stall und Auslauf und ein möglichst trockener Boden für diese Tiere wichtig.

Die Eier der Brahma-Hennen sind im Vergleich zu Ihrer Größe eher klein. Bei einem mittleren Bedarf an eigenen Eiern liegen Sie mit den Brahmas richtig. Die Hennen dieser Rasse brüten sehr gerne. Deshalb eignen sie sich ausgezeichnet als Glucken und können gehalten werden, um die Eier anderer Hennen auszubrüten.

Die Hühner sind gute Futtersucher, benötigen aber aufgrund ihrer Größe einen höheren Proteinanteil und zusätzlichen Kalk zum Aufbau gesunder Knochen.

Das Brahma auf einen Blick

- Herkunft: Amerika
- Legeleistung: 140 Eier im ersten Legejahr, 100 Eier im zweiten Legejahr
- Eigewicht: durchschnittlich 53 Gramm
- Eifarbe: gelb-rot
- Gewicht: Huhn 3 bis 4 kg, Hahn 3,5 bis 5 kg

Eigenschaften:

- robust
- anfängerfreundlich
- zutraulich
- brütet gern
- flugfaul

Cochin

Das Cochin-Huhn fliegt nicht und ist deshalb gut für die Freilandhaltung geeignet. Diese schwere Hühnerrasse aus Deutschland ist an seinen Federfüßen leicht zu erkennen und wird in vielen verschiedenen Farbschlägen gezüchtet. Die ruhigen und friedlichen Tiere sind sehr witterungsrobust und stellen weder an den Stall noch an die Größe des Auslaufs hohe Ansprüche. Allerdings neigen die Tiere zur Verfettung und zu Herzproblemen, deshalb lohnt es sich, auf das Gewicht der Tiere zu achten und ab und zu Kontrollwiegungen vorzunehmen. Durch die Fußfedern ist es wichtig, im Stall wie auch im Freilauf auf Hygiene zu achten und darauf, dass die Freiflächen nicht allzu matschig und nass sind.

Cochins sind vor allem als Fleischhühner gezüchtet. Trotzdem legen Sie im jungen Alter auch ausreichend Eier. Die Eiproduktion lässt bei Verfettung, zu viel Auslauf und mit steigendem Alter deutlich nach.

Das Cochin auf einen Blick:

- Herkunft: Deutschland
- Legeleistung: 120 Eier
- Eigewicht: durchschnittlich 54 Gramm
- Eifarbe: gelb-braun
- Gewicht: Huhn 3 bis 4,5 kg, Hahn 3,5 bis 5,5 kg

Eigenschaften:

- robust
- zutraulich
- friedlich
- anfängerfreundlich
- brutfreudig

Das Plymouth Rocks Huhn

Zutraulich, anspruchslos und robust passt sich das Plymouth Rocks Huhn aus Amerika an jede Umgebung an. Sogar reine Stallhaltung ist möglich, allerdings verfetten die Hühner bei zu wenig Auslauf schnell. Wie bei jeder Rasse ist also auch hier ein möglichst großzügiger Freilauf vorzuziehen. Bei genügend Platz können auch mehrere Hähne gehalten werden und vertragen sich gut. Gezüchtet werden die Hühner in vielen Farben von weiß über gestreift oder gebändert bis hin zu reinem Schwarz.

Da dieses Huhn wenig Lust aufs Fliegen hat, reicht bereits eine niedrige Abgrenzung aus. Wichtig ist, dass diese oben keine Stange besitzt, auf der das Huhn "zwischenlanden" kann. Plymouth Rocks liefern ganzjährig Eier und außerdem mageres schmackhaftes Fleisch, damit gehört auch diese Rasse zu den Zwiehuhnrassen.

Das Plymouth Rocks auf einen Blick:

- Herkunft: Amerika
- Legeleistung: 180 Eier im ersten Legejahr, 130 Eier im zweiten Jahr
- Eigewicht: durchschnittlich 55 Gramm
- Eifarbe: gelb-braun
- Gewicht: Huhn 2,5 bis 3 kg, Hahn 3 bis 3,5 kg

Eigenschaften:

- Winterleger
- schnell zutraulich
- friedlich
- verträgliche Hähne

Das New Hampshire Huhn

Entspannt, robust und anspruchslos kommt das englische New Hampshire Huhn bei einem ausreichend großen Stall auch ohne Freilauf aus. Eine Begrenzung von 1,50 m Höhe reicht aus, um die Hühner am Platz zu halten, denn sie sind flugfaul und nicht in der Lage, höhere Hindernisse zu überflattern. Gezüchtet wir die Rasse in den Farbschlägen rot-goldbraun, rot-goldbraun blaugezeichnet und weiß. Die Hühner brauchen nicht allzu viel Bewegung, leben sie allerdings zu beengt, kommt es zur Verfettung, insbesondere dann, wenn sie zu reichlich mit Futter versorgt werden.

Das robuste und friedfertige New Hampshire Huhn legt nicht nur ausgesprochen viele Eier, sondern schmeckt auch gut. Wer seine Hühner eigene Küken aufziehen lassen möchte, sollte jedoch auf eine andere Rasse ausweichen, denn die Brutlust ist sehr schwach ausgeprägt. Außer einem trockenen und zugluftgeschützten Hühnerstall brauchen die New Hampshires wenig. Im Winter besteht allerdings die Gefahr, dass der große Kamm erfriert. Bei zahmen Hühnern kann dieser zum Schutz mit säurefreier Vaseline eingerieben werden.

Das New Hampshire auf einen Blick:

- Herkunft: England
- Legeleistung: 250 Eier (bei optimalen Bedingungen) im ersten Legejahr, 180 Eier im zweiten Jahr
- Eigewicht: durchschnittlich 55 Gramm
- Eifarbe: gelb-braun
- Gewicht: Huhn 2,25 bis 2,7 kg, Hahn 3 bis 3,5 kg

Eigenschaften:

- robust
- friedlich
- kälteempfindlich

Das Sussexhuhn

Ist es Ihnen wichtig, dass Ihre Hühner schnell zahm werden und besonders pflegeleicht sind, ist das Sussex aus England die richtige Rasse für Sie. Die Tiere werden in vielen verschiedenen Farbschlägen wie weiß-schwarzcolumbia, gelb-schwarzcolumbia, braun-porzellanfarbig, rot-schwarzcolumbia, wildbraun und grausilber gezüchtet und sehen in jeder Farbe elegant und schnittig aus. Charakterlich sind die Tiere stabil, vertrauensvoll und sehr neugierig. Sie sind robust und kommen auch mit niedrigen Temperaturen gut zurecht. Da diese Hühner nur ungern fliegen, ist ein mittelhoher Zaun um den Freilauf ausreichend. Weiterhin sind sie gute Futtersucher und kümmern sich in der warmen Jahreszeit zum Großteil selbst um ihr Futter.

Eine Besonderheit dieser zutraulichen Hühner ist die gute Legeleistung auch im zweiten Jahr und die Tatsache, dass sie bei guter Fütterung auch im Winter Eier legen. Brüten möchten Sussexhennen weniger gern, haben sie jedoch einmal damit angefangen, sind sie gute Bruthennen und anschließend aufmerksame und zuverlässige Mütter. Sussexhühner liefern neben den Eiern auch sehr wohlschmeckendes Fleisch.

Das Sussex auf einen Blick:

- Herkunft: England
- Legeleistung: 180 Eier im ersten Legejahr
- Eigewicht: durchschnittlich 61 Gramm
- Eifarbe: gelb-braun
- Gewicht: Huhn 2,5 bis 3 kg, Hahn 3 bis 4 kg

Eigenschaften:

- robust
- wetterunempfindlich
- zutraulich
- Winterleger
- flugfaul

Vorwerkhühner

Die eher zierlichen Vorwerkhühner stammen aus Deutschland und sind die perfekte Wahl, wenn Sie sich ruhige und anspruchslose Tiere wünschen und Ihr Bedarf an Eiern eher mittelgroß ist. Durch die klassische Gelbfärbung mit dem schwarzen Hals- und Kopfbereich und schwarzen Schwanzfedern ist diese Rasse leicht zu erkennen und besonders auffallend. Die Hühner mit dem friedfertigen Charakter haben ein besonders dichtes Untergefieder und sind deshalb robust und wetterunempfindlich. Vor allem in der warmen Jahreszeit suchen Sie sich ihr Futter sehr gerne selbst und müssen dann nur wenig zugefüttert werden. Trotz ihrer großen inneren Ruhe sind die Tiere bewegungsfreudig und sind mit einem großzügig bemessenen Auslauf besonders glücklich.

Ab der 20. Lebenswoche beginnen die Hennen, die ersten Eier zu legen, reagieren aber schnell auf niedrige Temperaturen und gehen dann in die winterliche Legepause. Erwachsene Vorwerkhühner sind flugfaul, die Jungtiere können jedoch durchaus auch einmal auf einen höheren Zaun flattern. Hier müssen Sie entsprechend vorsorgen. Weniger geeignet ist diese Rasse, wenn Sie eine Nachzucht planen, denn Vorwerkhennen sind keine guten Glucken.

Das Vorwerkhuhn auf einen Blick

- Herkunft: Deutschland
- Legeleistung: 150 bis 170 Eier im ersten und zweiten Legejahr
- Eigewicht: durchschnittlich 55 Gramm
- Eifarbe: cremefarben
- Gewicht: Huhn 2 bis 2,5 kg, Hahn 2,5 bis 3 kg

Eigenschaften:

- anfängerfreundlich
- schnell zutraulich
- friedlich untereinander (auch die Hähne)
- robust und wetterunempfindlich
- flugfaul
- brutfaul

Neben den genannten gibt es natürlich noch viele andere Hühnerrassen, die sich auch für Anfänger eignen. Es ist empfehlenswert, sich vorher genau über die Haltungsansprüche und Eigenschaften jeder Rasse zu informieren und anschließend die passende auszuwählen. Gute Anhaltspunkte geben Geflügelausstellungen. Dort können Sie die Tiere live beobachten und mit den Züchtern und Haltern ins Gespräch kommen. Sie sollten sich jedoch mindestens ein Buch speziell über Hühnerrassen anschaffen und dieses gründlich studieren.

Überlegen Sie sich vor der Anschaffung genau, was Sie sich von Ihren Hühnern erwarten. Besonders dann, wenn Sie die Tiere zu Familienmitgliedern machen wollen und auch Kinder im Haushalt leben, eignen sich ruhige Tiere, die schnell zutraulich werden. Sie können Rassen natürlich auch gemischt halten, dann ist es bei der Auswahl wichtig, dass sich Charaktereigenschaften und Ansprüche in etwa ähneln.

Rassehuhn oder Hybridhuhn?

Neben den reinrassigen Hühnern vom Züchter, bei denen nur Tiere einer Rasse gekreuzt werden, gibt es auch sogenannte Hybridhühner oder Hybridrassen. Darunter versteht man einen Mix verschiedener Hühnerrassen. Grundsätzlich ist das kein Problem, allerdings können Sie bei gekreuzten Tieren eine Überraschung erleben, da Sie nie wissen, welche Rasseeigenschaften dominant sind und wie sich die Kreuzung auf Charakter und die Lege- oder Brutlust auswirkt.

Auch dann, wenn eine bestimmte Eigenschaft für Sie besonders wichtig ist, zum Beispiel, dass Ihre Hühner nicht fliegen können, sollten Sie lieber eine entsprechende Rasse wählen als sich für ein Mischlingshuhn zu entscheiden.

Hybridhühner werden häufig in der Massentierhaltung eingesetzt. Bei diesen Hühnern werden Tiere gekreuzt, die möglichst viele Eier legen, um die Leistung immer mehr zu erhöhen, oder solche, die möglichst leicht zu mästen sind und schnell an Gewicht zulegen.

Sozialverhalten von Hühnern

Hühner sind sehr soziale Tiere, die lebhaft miteinander interagieren. Die Tiere müssen deshalb in Gruppen gehalten werden, als Einzeltiere verkümmern sie und entwickeln verschiedene Störungen. Die Mindestgröße einer Hühnergruppe sollte vier bis sechs Tiere betragen. Wählen Sie eine legefreudige Rasse, können Sie damit schon Ihren Bedarf an Eiern decken. Ein weiterer Vorteil einer kleinen Gruppe: Sie werden jedes Ihrer Hühner genau kennen, seine Charaktereigenschaften entdecken, und es fällt leichter, einen persönlichen Bezug aufzubauen.

Die Tiere agieren übrigens nicht nur untereinander, sondern sind auch am Kontakt mit "Ihrem" Menschen interessiert. Dabei ist Huhn nicht gleich Huhn, denn anders als Sie vielleicht vermuten, hat jedes Tier seine eigenen Vorlieben, zum Beispiel beim Musikgeschmack, aber auch hinsichtlich des Kontakts, den Sie zu Menschen pflegen. Lesen Sie hier 9 beeindruckende Fakten über das Sozialverhalten und die Intelligenz Ihrer Hühner:

Was Sie noch nicht über Hühner wussten

1. Hühner haben eine komplexe und genau festgelegte soziale Struktur, sie schließen Freundschaften, haben Abneigungen und kennen Ihren Platz in der Gemeinschaft. Geklärt wird die Rangfolge über die sogenannte Hackordnung. Versuche haben ergeben, dass Hühner mehr als 100 Artgenossen erkennen und unterscheiden können.

2. Hühner verständigen sich bereits mit ihren ungeschlüpften Küken. Dadurch kennt das Küken schon verschiedene Laute der Hühnersprache - insbesondere auch die Stimme seiner Mutter, wenn es aus dem Ei schlüpft.

3. Hühner sind nicht einfach eierlegende Wesen, deren Fleisch man essen kann. Sie sind außerdem zur Empathie fähig. Versuche britischer Forscher an der Universität Bristol (England) haben ergeben, dass sie mitleiden, wenn es ihren Küken nicht gut geht.

4. Hühner können mehr als gackern. Sie haben eine komplexe Sprache mit einer Vielzahl verschiedener Laute und verstehen sich damit auch gegenseitig. So übernehmen Sie Warnlaute ihrer Artgenossen, auch wenn sie die Gefahr gar nicht selbst sehen können.

5. Hähne sind trickreich. Sie locken die Hühner mit "Fressen gefunden" Lauten an, um sie von anderen Hähnen weg und zu sich heran zu locken.

6. Hühner stehen in ihrer Intelligenz vielen Säugetieren nicht nach, es heißt, sie sind so klug wie Menschenaffen. Sie können Probleme lösen, verstehen, dass verschwundene Dinge vor kurzem noch da waren und sind sogar in der Lage, im Zahlenraum zwischen 0 und 5 zu rechnen.

7. Hühner wissen, wer sie sind. Die Tiere haben laut einer Studie aus dem Jahr 2012 an der University of California, San Diego ein sogenanntes Ich-Bewusstsein. Sie können sich beherrschen und sind zur Selbsteinschätzung fähig. So warten sie in Versuchen länger auf

ihr Futter, wenn sie wissen, dass sie dann mehr oder Schmackhafteres zu erwarten haben.

8. Hühner fühlen Schmerzen. Sie können Schmerz und auch Leid empfinden.

9. Hühner sehen in Farbe. Allerdings nur am Tag, im Dunkeln sind sie weitgehend nachtblind.

Die Sprache der Hühner

Hühner sind nicht einfach nur Vögel, die den ganzen Tag gackern, picken, scharren und ab und an ein Ei legen. Die Tiere interagieren und kommunizieren sehr differenziert miteinander. Die "Hühnersprache" besteht aus 30 verschiedenen Lauten, die unabhängig von der Hühnerrasse gleich oder zumindest sehr ähnlich sind. Deshalb können auch Hühner unterschiedlicher Rassen miteinander gehalten werden, wenn deren Charaktereigenschaften, die Ansprüche an die Umgebung und das Futter annähernd übereinstimmen.

Die Henne „spricht" bereits vor dem Schlüpfen mit ihren Küken, etwa 24 Stunden vor dem Ausschlüpfen beginnen die Küken aus dem Ei heraus zu antworten. Wenn also die erste direkte Kommunikation stattfindet, sind Mutter und Kinder schon bestens vertraut. Nach dem Schlupf teilt das Küken seine Ankunft durch ein hohes langegezogenes Piepsen mit, auf das die Glucke mit tiefen Glucktönen antwortet. Durch langes, lautes Piepen teilen die Küken mit, wenn sie sich verlaufen haben, die schnellen Glucklaute als Antwort der Glucke helfen dem Baby zu seiner Mutter zurückzufinden. Ein weiterer typischer Laut des Kükens sind schrille Angst- oder Warntriller, hört die Glucke diese, reagiert sie sofort. Mit hohen, kurzen Tönen wird das Küken zum Futter gelockt, durch lange, tiefe

Locktöne zeigt die Glucke ihren Küken, dass es Zeit wird, sich im mütterlichen Gefieder zu verstecken. Das leise Gezwitscher des Kükens verkündet sein Wohlbefinden im Schutz von Mutters Federn.

Junghühner im Alter von 3 bis 4 Monaten lernen langsam die Sprache der erwachsenen Hühner:

- Hühner üben das typische Gegacker beim Eierlegen.
- Junghähne machen ihre ersten Krähversuche.
- Es gibt verschiedene Laute für "Feind aus der Luft" und "Feind am Boden".
- Leise Zwitscherlaute zeigen Wohlbefinden an.

Im Folgenden finden Sie die Bedeutung der verschiedenen Hühnerlaute im Überblick:

Gackern

- scharf/ abgehackt bei Aufregung
- kurz/ gleichartig bei Angst
- Rhythmisch, wenn die Gefahr vorüber ist oder eine Henne ein Ei gelegt hat

Gakeln

Als Gakeln wird ein gedehnter, in der Höhe leicht ansteigender Laut bezeichnet, auf den mehrere kurze Laute folgen. Es ist der Ausdruck des Bedürfnisses nach einem Legeort, nach Futter oder danach, aus dem Stall zu kommen.

Gakeln Ihre Hühner häufig, fehlt es an Legenestern im Hühnerstall bzw. im Freilauf.

Wehlaute

Wehlaute zeigen, dass das Tier Schmerzen erleidet. Diese abgesetzten und manchmal schrillen Schreie ertönen, wenn ein Huhn gepackt oder angegriffen wird.

Lockrufe

Am besten lassen sich die Lockrufe von Hühnern mit "tuck tuck tuck" übersetzen. Die Hennen zeigen damit ihren Küken das Futter genauso wie der Hahn seinen Hennen. Einsame oder paarungsbereite Hähne versuchen damit ebenfalls, Hennen anzulocken.

Drohlaute

Hühner kommunizieren mit Drohlauten untereinander, wenn es darum geht, die Rangordnung zu klären oder ein niedriger gestelltes Tier auf seinen Platz zu verweisen.

Kollern

Das sogenannte Kollern ist den Hähnen vorbehalten. Sie zeigen damit ihr Selbstbewusstsein. Oft ist dieses Geräusch mit dem Kratzfuß verbunden und unterstreicht ihn.

Krähen

Die wohl klassischste Lautäußerung von Hühnern ist neben dem Gackern das lautstarke Krähen des Hahns. Damit untermauert das Tier seinen Machanspruch, zeigt seine Kraft und weist verstreuten Hühnern den Weg zurück "nach Hause". Interessant ist, dass in Gruppen ohne Hahn häufig eine in der Rangordnung oben stehende Henne das Krähen übernimmt.

Die Rangordnung von Hühnern

Innerhalb einer Gruppe von Hühnern gibt es eine genau festgelegte Rang- oder auch Hackordnung. Der Platz in der sozialen Hierarchie entscheidet darüber, wer zuerst ans Fressen darf und wer die begehrtesten Schlafplätze bekommt. Zum Zeichen ihrer höheren Position hacken Hühner oft rangniederen Tieren leicht auf den Kopf. An der Spitze der Gruppe steht - wenn vorhanden - fast immer der Hahn, ansonsten eine erfahrende und ranghohe Althenne.

Kommt zu einer Gruppe, die von einer erfahrenen Henne geführt wird, ein neuer Hahn hinzu, kommt es oft zu Machtkämpfen zwischen diesen beiden Tieren.

Wie wichtig den Tieren ihre Rangordnung ist, zeigt sich am deutlichsten am Abend, wenn es um die Plätze auf den Schlafstangen geht. Es kann eine ganze Weile dauern, bis jedes Tier an seinem angestammten Platz ist. Erst wenn auf den Schlafplätzen alles so ist, wie es sein soll, wird es ruhig im Hühnerstall.

Der Aufbau der Rangordnung ist bei Hühnern in den meisten Fällen vom Alter abhängig. Jüngere Tiere sind niedriger im Rang als ältere, und in der Regel geben sich alle Tiere mit ihrer Stellung zufrieden – zumindest gilt dies für die Hennen. Junghähne streben mit der Geschlechtsreife danach, eine möglichst hohe Position zu erreichen, denn nur dann gelingt es ihnen auch, Hühner zu begatten.

Auf uns wirkt der Umgang der Hühner untereinander oft grob und zum Teil ungerecht. Allerdings sollten Sie Einmischungen hier auf das absolut nötige Mindestmaß beschränken, zum Beispiel wenn ein Tier offensichtlich ernsthaft verletzt wird. Besser und schneller bildet sich eine Rangordnung, wenn die Tiere dies unter sich selbst ausmachen. Das gilt insbesondere für die Eingliederung neuer Hühner in eine bestehende Gruppe.

Das Sozialverhalten

Das Sozialverhalten von Hühnern ist deutlich ausgeprägter, als es auf den ersten Blick scheinen mag. Die Tiere sind zu Emotionen und Freundschaften fähig – und das nicht nur ihren Artgenossen, sondern auch dem Menschen gegenüber. Wenn Sie sich mit Ihren Tieren näher beschäftigen und sich die Mühe machen, Zeit mit ihnen zu verbringen und Kontakt aufzunehmen, werden Sie feststellen, dass jedes Huhn seinen ganz eigenen Charakter hat. Die neugierigen Tiere zeigen dies besonders bei artgerechter Haltung. So gibt es freche und zurückhaltende Tiere, mutige und sogar musikalische Hühner. Auch in ihrem Interesse für den Menschen unterscheiden sich Hühner deutlich. Während einige die Nähe des Menschen suchen und gerne Kontakt aufnehmen, bleiben andere lieber unter sich.

Hühner sind übrigens auch keineswegs so dumm, wie ihnen oft nachgesagt wird. In Studien, zum Beispiel von der Neurowissenschaftlerin Dr. Lori Marino, hat sich herausgestellt, dass sie ähnlich schlau wie Hunde oder Katzen sind. Sie erkennen ihre Küken ebenso wie ihre Artgenossen und können sich sogar an Tiere erinnern. Endet eine enge Freundschaft zwischen zwei Hühnern durch den Tod eines Tieres, trauert das andere –

oft selbst bis zum Tod. Diese Fähigkeiten der Tiere haben unter anderem viel mit ihrem großen Lautrepertoire zu tun.

Das Wichtigste auf einen Blick

- Hühner müssen in Gruppen gehalten werden, als Einzeltiere verkümmern sie und entwickeln verschiedene Störungen. Die Mindestgröße einer Hühnergruppe sollte vier bis sechs Tiere betragen.

- Die "Hühnersprache" umfasst 30 verschiedene Laute, die unabhängig von der Hühnerrasse gleich oder zumindest sehr ähnlich sind.

- An der Spitze der Gruppe steht – wenn vorhanden – fast immer der Hahn, ansonsten eine erfahrende und ranghohe Althenne.

- Kommt zu einer Gruppe, die von einer erfahrenen Henne geführt wird, ein neuer Hahn hinzu, kommt es oft zu Machtkämpfen zwischen diesen beiden Tieren.

- Wenn Hühner ihre Rangordnung ausmachen, sollten Sie sich nur bei echter Verletzungsgefahr einmischen.

- Hühner sind zu Emotionen und Freundschaften fähig – und das nicht nur ihren Artgenossen, sondern auch dem Menschen gegenüber.

- Hühner sind ähnlich schlau wie Hunde oder Katzen

Hühnerstall und Freilauf

Bei den Überlegungen für Ihren Hühnerstall müssen Sie Verschiedenes bedenken. Zuallererst: Wie viele Hühner möchten Sie halten? Danach richtet sich die Größe des Stalls. Besser ist es in jedem Fall, lieber zu groß als zu klein zu bauen bzw. schon vorab über eventuelle Erweiterungsmöglichkeiten nachzudenken, falls Sie Ihre Hühnergruppe vergrößern wollen. Dies gilt auch für den Freilauf, bei dem es außerdem auf Sicherheit durch eine zur Rasse passenden Umzäunung und richtige „Einrichtung“ ankommt.

Der Hühnerstall

Ein Stall muss trocken, gut belüftet, aber zugfrei, sicher und groß genug sein. Pro Quadratmeter Stallfläche können Sie maximal drei Hühner unterbringen, entscheiden Sie sich für eine große Hühnerrasse, sollten Sie den Platzbedarf großzügiger bemessen. Gleiches gilt, wenn Sie in der Zukunft die Anzahl der Tiere im Stall vergrößern möchten. Darüber hinaus sollten Sie rund um den Stall noch weitere Punkte beachten und beherzigen:

- Neben der Stallgröße an sich ist auch das Platzangebot auf den Sitzstangen wichtig. Jedes Huhn braucht seinen Platz, pro Tier müssen Sie mindestens 30 cm, bei großen Rassen entsprechend mehr einplanen. Ein Kotbrett unter den Sitzstangen erleichtert die Stallreinigung, da der Kot dann nicht direkt auf den Boden fällt.

Einige sehr große Hühnerrassen wie das Brahma schlafen auf dem Boden. Dann müssen Sie ebenfalls ausreichend Schlafgelegenheiten schaffen.

- Der Stall muss nicht nur den Hühnern ausreichend Platz bieten, planen Sie außerdem genug Stellfläche für Futter und Wasserbehälter ein. Ideal sind Automaten, die erhöht aufgestellt werden.
- Damit Ihre Hennen gerne Eier im Stall legen, müssen Sie entsprechende Legenester einplanen, zum Beispiel in Form von Kisten, Boxen oder extra gezimmerten Buchten.

Abbildung 2 Ein Huhn im Legenest

Sie können Ihren eigenen Hühnerstall bauen, einen Bausatz kaufen oder einen bereits vorhandenen Stall nutzen. Vor allem dann, wenn Sie nur wenige Hühner halten möchten, gibt es im Handel viele verschiedene Ställe zur Auswahl. Grundsätzlich sollten Sie – unabhängig, ob Sie selbst bauen oder kaufen – folgende Punkte beachten:

- Der Stall muss natürliche Lichtquellen in Form von Fenstern bieten, damit die Hennen zum Eierlegen animiert werden. Pro m^2 Stallfläche sind 0,25 bis 0,5 m^2 Fensterfläche optimal.

- Das für den Stall verwendete Material (zum Beispiel Holz) muss hochwertig und witterungsbeständig sein.

- Der Stall darf keine verwinkelten Ecken haben, denn dort nisten sich bevorzugt Milben ein. Außerdem sind diese Bereiche schwer sauber zu halten, und die Hühner könnten sich dort einklemmen.

- Der Stall muss dicht und zugluftfrei, aber trotzdem gut belüftet sein. Eine Beheizung ist nicht erforderlich.

- Kaufen Sie einen Stall mit Holzboden, darf dieser nicht direkt auf die Erde gestellt werden, da das Holz bei Bodenkontakt schnell verwittert und marode wird. Besser ist es, den Stall auf Hohlblocksteine oder ähnliche Stützen zu stellen.

- Das Dach des Stalls muss regen- und schneesicher sein, zum Beispiel durch einen Belag aus Dachpappe oder noch besser aus Kunststoffplatten, da die Dachpappe einen Lebensraum für Milben bieten kann.

- Achten Sie darauf, dass der Hühnerstall fuchs- und mardersicher ist. Die Hühnerfeinde kommen schon durch kleinste Ritzen und Spalten, ebenso wie Mäuse und Ratten, die Ihren Hühnern ebenfalls schaden können. Wie Sie Ihre Hühner im Stall zuverlässig schützen, lesen Sie im Kapitel Schutz vor Fressfeinden.

- Der Hühnerstall muss verschließbar sein. Kleinere Ställe verfügen über eine Hühnerklappe, die Sie nachts verschließen können.

- Als Einstreu können Sie zum Beispiel Sand, Rindenmulch oder Häckselgut verwenden. Stroh ist weniger günstig, da einige Hühner die langen Halme gerne fressen, diese jedoch zu einer Kropfverstopfung führen können.

- Verfügen Sie über einen sehr großen Garten, in dem die Hühner sich frei bewegen können, bieten sich auch mobile Hühnerställe an. Diese können innerhalb des Freilaufs umgesetzt werden, sodass die Grasnarbe geschont wird und Ihre Hühner immer frisches Grünfutter zur Verfügung haben. Ein weiterer Vorteil dieser Variante: Das Risiko, dass sich Ihre Tiere Parasiten einfangen, wird deutlich reduziert.

Steht in Ihrem Garten bereits ein passendes Gebäude wie zum Beispiel ein Gartenhaus, Geräteschuppen oder ein gemauerter Schuppen, können Sie natürlich auch dort den Hühnerstall einrichten. Die Regeln sind die gleichen. Wichtig dabei ist, dass Sie alle möglichen Verletzungsrisiken ausräumen und den Stall vor dem Einzug der Hühner gründlich reinigen und desinfizieren. Besonders dann, wenn das Gebäude vorher für die Lagerung von gefährlichen Substanzen wie Benzin, Farben oder anderen Chemikalien verwendet wurde, sind die Reinigung und eine gründliche Belüftung besonders wichtig. Dies gilt auch, wenn der Stall vorher anderen Nutztieren als Zuhause diente.

Die Einstreu im Hühnerstall

Für die Einstreu im Stall gibt es nicht die beste Wahl. Jedes Material hat seine Vorteile, welches Material für Ihre Hühner ideal ist, hängt unter anderem von der Jahreszeit ab:

- Im Sommer ist Sand als Einstreu im Stall eine gute Wahl. Das Material kühlt durch seine große Masse und bietet aufgrund seiner feinen Struktur einen unattraktiven Lebensraum für die lästigen Hühnermilben. Der Hühnerkot wird im Sand gebunden und kann leicht ausgesiebt werden. Besteht der Stallboden aus Sand ohne Betonfundament oder Holzboden, muss der Sand ca. alle 6 Monate 20 cm tief ausgehoben und erneuert werden.

- Im Winter eignen sich Holzspäne oder auch Hanfstreu besonders gut. Das Material bindet Feuchtigkeit, so bleibt es auf dem Stallboden trocken. Auch der Hühnerkot wird durch diese beiden Naturstoffe gut gebunden und kann so leichter entfernt werden. Ist die Einstreu ausreichend dick, bietet sie außerdem eine Dämmung gegen den kalten Boden.

- Wer einen Walnussbaum im Garten hat, kann dessen getrocknete Blätter im Herbst als Einstreu verwenden. Durch die enthaltenen Bitterstoffe und ätherischen Öle sind Walnussblätter ein ausgezeichnetes biologisches Mittel als Vorbeugung und zur Bekämpfung von Milben.

Hühnerstall reinigen

Damit sich im Hühnerstall keine Krankheiten ausbreiten können, muss er regelmäßig gereinigt werden. Einige Aufgaben fallen täglich an, andere wöchentlich oder sogar nur monatlich. Einmal im Monat sollten Sie einen gründlichen Check vornehmen.

Die täglichen Aufgaben

Wenn möglich, werden Wasser- und Futterbehälter einmal täglich ausgeleert und gereinigt. So verhindern Sie, dass sich dort Keime oder Ungeziefer einnisten. Optimal ist es, wenn Sie einmal am Tag den sichtbaren Kot vom Boden und von den Kotbrettern entfernen. Im Sommer, wenn sich die Tiere vorwiegend im Freilauf aufhalten oder wenn in einem großen Stall nur wenige Tiere leben, reicht es eventuell auch aus, die Kotentfernung nur alle zwei Tage vorzunehmen.

Die wöchentliche Stallreinigung

Mindestens einmal, bei Bedarf auch zweimal braucht der Stall eine Grundreinigung. Die Hühner sollten dann am besten im Freilauf bleiben, damit Sie ungestört arbeiten können. Außerdem wirkt sich der aufgewirbelte Staub negativ auf die Atemwege Ihrer Tiere aus. Deshalb sollten Sie bei dieser Arbeit auch einen Mundschutz und am besten sogar eine Schutzbrille tragen. Empfehlenswert ist auch Extrakleidung, die nur für die Stallarbeiten vorgesehen ist.

Die alte Einstreu wird jetzt möglichst gründlich entfernt, dazu eignen sich Schaufel oder Mistgabel. Vergessen Sie dabei nicht die Ecken, da sich dort besonders gerne Parasiten und Ungeziefer verstecken sowie die Legenester. Denken Sie auch bei den Nestern daran, die Einstreu komplett auszutauschen.

Ist der Stall ausgeräumt, wird gründlich gefegt, ideal dazu ist ein „scharfer" Besten mit festen Borsten aus Kunststoff. Nach dem Fegen werden alle noch verbliebenen Kotreste mit einem Schaber abgekratzt und zwar nicht nur vom Boden, sondern auch von Sitzstangen, Kotbrettern und Legenestern. Bevor Sie neu einstreuen können, kehren Sie nochmals gründlich aus. Reinigend und gleichzeitig desinfizierend eignet sich Essigreiniger sehr gut, um die Sitzstangen zu säubern. Auch alle anderen zugänglichen Flächen werden mit diesem biologischen Mittel sauber und keimfrei. Sind all diese Aufgaben erledigt, wird neu eingestreut und der Stall wird wieder eingerichtet.

Den Hühnerkot, den Sie aus dem Stall entfernen, können Sie samt Einstreu kompostieren und anschließend als wertvollen Dünger im Garten verwenden.

Abbildung 3 Ein Mundschutz ist bei der Stallreinigung sehr empfehlenswert!

Der monatliche Check

Einmal im Monat erfolgt eine besonders gründliche Reinigung. Zusätzlich zu den Arbeiten der wöchentlichen Stallreinigung werden sämtliche Wände und die Decke des Stalls mit einem Besen abgekehrt, um den Staub zu entfernen. Entdecken Sie Löcher und Spalten, sollten Sie diese vorbeugend mit Silikon ausfüllen, um Milben keine Brutstätte zu bieten. Eine weitere vorbeugende Maßnahme gegen Milben ist Kalk. Sie können einmal monatlich Kalk streuen, ohne Ihren Hühnern damit zu schaden. Die Legenester können Sie vorbeugend mit einer dünnen Schicht Kieselgur bedecken. Die feinen Splitter schaden Ihren Hennen nicht, töten aber die Milben zuverlässig ab.

Überprüfen Sie jetzt den Stall auch auf mögliche Verletzungsrisiken wie lose Sitzstangen, festsitzende Legenester oder Spalten, durch die Ihre Hühner hinaus und Fressfeinde hineingelangen können. Diese Überprüfung sollten Sie auch auf das Außengehege ausweiten und dabei gleichzeitig kontrollieren, ob der Hühnerzaun rund um den Freilauf unbeschädigt ist.

Der Freilauf

Es gibt kaum etwas Schöneres und Beruhigenderes als eine glückliche Hühnergruppe zu beobachten, die sich auf einer grünen Wiese tummelt. Erst dann, wenn die Tiere nicht nur im Stall gehalten werden, sondern auch eine Außenfläche zur Verfügung haben, kann man wirklich von artgerechter Haltung sprechen. Damit sich die Hühner in Ihrem Freilauf so richtig wohlfühlen und sicher sind, muss das Außengehege verschiedene Eigenschaften mitbringen.

Abbildung 4 Glückliche Hühner im Freilauf

Ein großer, gut gepflegter und durchdachter Freilauf bringt Ihren Hühnern jede Menge Vorteile. Sie können ihre natürlichen Triebe wie picken, scharren und hudern – so bezeichnet man das Verhalten der Glucken, die ihre Küken bei Gefahr unter ihre Flügel nehmen – ausleben. Anders als im langweiligen Stall können sich die Hühner den ganzen Tag mit den vielen Möglichkeiten, die der Freilauf bietet, beschäftigen. Bei reiner

Stallhaltung kommt es oft zu Verhaltensauffälligkeiten wie dem Federfressen. Schließlich bietet ein großzügiger Freilauf den Tieren auch die Möglichkeit, das Hühnerfutter durch viele weitere Futterquellen wie Würmer, Schnecken, Käfer, Fallobst oder Kräuter zu ergänzen. Diese Leckereien schmecken den Hühnern nicht nur gut, sondern halten Sie auch gesund. Ein weiterer Aspekt zum Futter bietet einen Vorteil für den Halter: Die Kosten für spezielles Hühnerfutter sinken zumindest in den warmen Jahreszeiten um die Hälfte, da sich die Tiere selbst versorgen.

Der Platzbedarf

Pro Huhn sollten Sie für den Freilauf eine Größe von mindestens 5 besser noch 10 m^2 Fläche einplanen. Nach oben hin sind keine Grenzen gesetzt, besondere Vorteile bringt dies aber weder den Hühnern noch Ihnen selbst, denn die Hühner halten sich ohnehin am liebsten in der Nähe des Stalls oder zumindest dort auf, wo sie bei Gefahr schnell in Deckung gehen können. Zu bedenken ist auch, dass Sie bei einem sehr großen Auslauf viel Geld in die Umzäunung investieren und diese auch regelmäßig auf Löcher oder Lücken kontrollieren müssen. Ist der Auslauf allerdings zu klein, zerstören die Tiere in wenigen Wochen die Grasnarbe und der Auslauf besteht nur noch aus nackter Erde oder Sandboden.

Drei Varianten für den Hühnerauslauf

Haben Sie die Größe des Auslaufs entsprechend der Anzahl der Tiere und Ihren räumlichen Möglichkeiten festgelegt, muss der Bereich sicher eingefriedet werden. Zum einen muss gesichert sein, dass die Hühner die Einzäunung nicht überflattern oder überfliegen können, zum anderen muss der Zaun Feinde fernhalten. Dafür haben Sie verschiedene Möglichkeiten:

Fester Zaun

Steht Ihnen ein Wiesenstück zur Verfügung, können Sie dieses mit einem festen Zaun begrenzen. Die Höhe des Zaunes ist abhängig von der gewählten Hühnerrasse. Große Rassen brauchen nur eine niedrige, aber dafür feste Einzäunung. Kleinere Rassen, die gerne flattern oder sogar fliegen, benötigen einen höheren Zaun, der am oberen Ende zusätzlich gesichert wird.

Mobiler Zaun

Eher als Übergangslösung ist ein Geflügelzaun geeignet. Er besteht aus einem festen Netz und lässt sich schnell und unkompliziert aufstellen. Allerdings wird er auf Dauer die Hühner nicht davon abhalten, auch die Umgebung hinter dem Zaun zu erkunden. Hinzu kommt, dass diese Umzäunung Fressfeinde wie Füchse, Marder oder streunende Hunde nur unzureichend abhält. Gut geeignet ist das Geflügelnetz, wenn Sie einzelne Bereiche des Freilaufs für die Hühner sperren wollen, zum Beispiel, damit sich die Grasnarbe erholen kann.

Hühnervoliere

Halten Sie nur sehr wenige Hühner und haben wenig Platz im Garten, kommt auch eine Hühnervoliere infrage. Sie bietet den Tieren den optimalen Schutz vor Fressfeinden, dafür aber relativ wenig Platz. Die Voliere besteht aus einem Gerüst, das mit einem festen Gitter bezogen ist. Ist das Gitter entsprechend befestigt und feinmaschig, kommen nicht mal Mäuse in die Voliere hinein und erst recht keine größeren Fressfeinde Ihrer Hühner. Auf der anderen Seite sind Volieren besonders ausbruchsicher. Mit Hühnervolieren lassen sich Freiflächen bis ca. 30 m² schaffen.

Struktur im Freilauf

Um die Bedürfnisse Ihrer Hühner bestmöglich zu erfüllen, sollten Sie nicht nur die Größe des Auslaufes richtig wählen, sondern diesen auch für die Tiere "einrichten". Dies fällt umso leichter, wenn Sie die Ansprüche der Tiere kennen und beachten.

Verlassen die Tiere morgens den Hühnerstall durch die Tür oder die Klappe, sind sie erst einmal erleichtert, den engen Stall verlassen zu können, und rennen los. Die Freude über die Freiheit erkennen Sie am aufgeregten Rennen der Tiere. Allerdings ist es ihnen auch unangenehm aus dem sicheren Stall auf eine freie Fläche zu gelangen, und sie suchen möglichst schnell wieder Deckung. Diese können Sie Ihnen bieten, wenn in der Nähe des Stalls ein Busch oder ein Baum steht. Alternativ erfüllt auch eine flache Überdachung das Schutzbedürfnis der Tiere.

Ist die erste Aufregung abgeklungen, wollen die Hühner sich bewegen und nach Futter suchen. Auch jetzt bevorzugen Sie die Deckung und halten sich besonders gern unter großen Bäumen auf – soweit diese vorhanden sind. Optimal als Freilauf eignen sich deshalb Flächen, die mit Obstbäumen bepflanzt sind, sodass die Tiere sich von Deckung zu Deckung bewegen und zwischendurch noch vom Fallobst naschen können. Im Sommer, wenn es heiß wird, ziehen sich die Hühner gerne in schattige Bereiche unter Büsche und Sträucher zurück, besonders begeistert sind sie, wenn sie dort gleich ein kühlendes Sandbad nehmen können. Ist ein Bereich des Hühnerauslaufs dicht mit niedrigen Gewächsen bepflanzt, ist das für die Tiere sozusagen der Himmel auf Erden an heißen Tagen. Noch schöner wird es, wenn sie zwischen den Pflanzen Sandgruben finden, in denen Sie mit Ihren Hühnerfreundinnen gemeinsam baden können.

Der Hühnerzaun

Damit der Hühnerzaun rund um den Freilauf zum einen ausbruchssicher ist und zum anderen Fressfeinde wie Fuchs, Marder oder Hunde zuverlässig abhält, müssen Sie bei der Auswahl und auch beim Aufstellen sorgfältig vorgehen. Folgende Grundsätze sollten Sie bei Ihrer Planung berücksichtigen:

- Schwere Fleischrassen lassen sich bereits durch einen Zaun von einem Meter Höhe sicher im Freilauf halten.

- Für flatter- und flugfreudige Rassen sollte der Zaun eine Höhe von 1,80 Meter aufweisen und am oberen Ende zusätzlich gesichert sein.

- Um Hunde und andere Fressfeinde auszuschließen, muss der Zaun solide befestigt werden.

- Um das Untergraben zu verhindern, empfiehlt es sich, den Zaun mindestens 80 Zentimeter in die Erde einzugraben oder alternativ eine Umrandung aus Beton oder Steinen zu bauen.

- Laufen Küken im Freilauf mit, muss der untere Bereich zusätzlich durch ein engmaschiges Netz gesichert werden, damit die neugierigen Tiere nicht hindurchgelangen können.

- Zusätzlichen Schutz vor Eindringlingen bietet ein Elektrozaun in unterschiedlichen Höhen.

- Metallzäune können am oberen Ende nach außen abgeknickt werden. So können die Hühner nicht auf oder über den Zaun flattern und Fressfeinde nicht von außen darüber klettern.

Welches Material für den Hühnerzaun?

Am Anfang steht die Materialwahl, hier haben Sie folgende Möglichkeiten, die jeweils Vorzüge und Nachteile mit sich bringen und sich in Stabilität, Schwierigkeitsgrad bei der Aufstellung und auch hinsichtlich der Kosten unterscheiden.

Der Metallzaun

Das optimale Material für die Umzäunung des Hühnerauslaufs ist ein Stabmattenzaun. Dieser eignet sich, wenn Sie ein festes Gehege planen. Für einen guten und sicheren Halt sollten Sie die dazugehörigen Pfosten in den Boden einbetonieren. Der Zaun selbst muss in der Höhe so gewählt werden, dass Sie ihn weit genug in den Boden eingraben können. Bei der Montage ist zu beachten, dass die spitzen Enden des Zauns nach unten weisen, ansonsten besteht eine hohe Verletzungsgefahr für die Tiere wie auch für Sie selbst.

Alternativ können Sie auch Maschendraht aus verzinktem Metall verwenden. Dieser Zaun wird von der Rolle verkauft und ist in vielen Höhen erhältlich. Auch hier benötigen Sie stabil im Boden verankerte Pfosten in nicht zu großen Abständen, damit der Zaun lange hält und stabil bleibt. Vor dem Kauf sollten Sie sich folgende Fragen beantworten:

- Sind die Maschen so eng, dass die Hühner nicht nach draußen gelangen und Fressfeinde nicht hindurchschlüpfen können?

- Ist das Material stabil und hochwertig, sodass nicht bereits nach kurzer Zeit Löcher im Zaun entstehen?

- Kann der Zaun kurzfristig und problemlos aufgestellt werden?

Bloß kein Stacheldraht! Vielleicht kommen Sie auf die Idee, den oberen Zaunabschluss mit Stacheldraht zu schützen. Davon ist dringend abzuraten, denn es besteht sowohl für Sie selbst als auch für Ihre Tiere ein sehr hohes Verletzungsrisiko. Besser ist es, wenn Sie den Zaun am oberen Ende umbiegen.

Der Holzzaun

Sicher – und dazu auch noch optisch ein tolles Gestaltungselement für den Garten – ist ein Staketenzaun aus Kastanie oder Robinie. Der robuste Zaun besteht aus eng beieinanderstehenden nur grob behauenen Holzpfählen, die mit einem Drahtgeflecht verbunden sind. Das obere Ende der Pfähle ist angespitzt. Das unbehandelte Holz ist durch den natürlichen Gerbsäuregehalt auch ohne Holzschutzbehandlung langlebig, witterungsfest und erhält - anders als ein Metallzaun - die natürliche Optik in Ihrem Garten. Diese Zäune sind in unterschiedlichen Höhen erhältlich und werden als Meterware auf der Rolle verkauft. Zum Aufstellen schlagen Sie in regelmäßigen Abständen Holzpfosten etwa 40 bis 50 cm tief in den Boden ein und nageln oder schrauben den Staketenzaun anschließend daran fest. Ebenfalls erhältlich sind Türen und Tore aus dem gleichen Material, durch die Sie den Freilauf jederzeit betreten oder – bei einem entsprechend großen Tor – auch befahren können.

Staketenzäune sind vergleichsweise leicht aufzustellen, aber nicht 100% fuchssicher, da die untere Zaunkante über dem Erdboden endet und sich die schlauen Fressfeinde darunter durchgraben können. Diese Zäune eignen sich deshalb nur dann, wenn Sie Ihre Hühner zuverlässig rechtzeitig jeden Abend in den sicheren Stall bringen.

Geflügelnetze

Geflügelnetze aus Kunststoff oder Garn eignen sich ebenfalls als Abgrenzung des Freilaufs, bieten allerdings nicht die Sicherheit und Langlebigkeit anderer Zaunmaterialien. Der Geflügelzaun wird an Pfosten befestigt, die einfach in die Erde gesteckt werden. Entscheiden Sie sich für diese Variante, sollten Sie auf jeden Fall zusätzlich eine Elektrosicherung einplanen. Generell sind Geflügelnetze nur dann zu empfehlen, wenn Sie den Freilauf der Hühner regelmäßig umsetzen wollen oder um bestimmte Bereiche im festen Auslauf abzusperren, zum Beispiel um die Grasnarbe zu schonen oder Neuanpflanzungen zu schützen.

Freilauf reinigen und kontrollieren

Nicht nur der Hühnerstall, auch der Außenbereich braucht ab und an eine Reinigung. Einmal monatlich sollten sie alle betonierten oder gepflasterten Flächen fegen und von Kotresten befreien. Stark verkrustete Stellen können Sie auch mit dem Wasserschlauch oder einem Hochdruckreiniger abspritzen. Weiterhin sollten Sie Wasserlöcher und Sandbäder reinigen und den Inhalt austauschen. Haben Sie im Freilauf Futter- und Wassernäpfe aufgestellt, brauchen diese ebenfalls eine gründliche Reinigung, idealerweise täglich.

Ebenso muss regelmäßig der Zaun kontrolliert werden. Suchen Sie nach Löchern, Ritzen oder unterwühlten Stellen und beseitigen Sie alle undichten Stellen sofort und gründlich. Damit vermeiden Sie zum einen, dass Ihre Hühner ausbrechen, zum anderen auch, dass fremde Tiere in den Auslauf gelangen. Und schließlich bergen abstehende Drähte oder andere Befestigungsmittel auch ein nicht unerhebliches Verletzungsrisiko für Ihre Tiere.

Achtung Hausarrest!

Wenn ansteckende und gefährliche Hühnerkrankheiten wie die Vogelgrippe kursieren, kann es sein, dass die Behörden Ihren Hühnern Hausarrest erteilen. Sie müssen dann im Stall bleiben. Herrscht Stallpflicht, bedeutet das für die Tiere Langeweile und Stress, denn sie müssen sich mit wenig Platz zufriedengeben und auf das Grün im Freilauf und die frische Luft verzichten. Die Folge: Psyche und Wohlbefinden werden beeinträchtigt, die Tiere fangen an sich zu streiten, legen weniger Eier, und es kann zu Verhaltensauffälligkeiten kommen. Damit es Ihren Hühnern auch unter diesen Bedingungen so gut wie möglich geht, können Sie Verschiedenes tun, um sie zu beschäftigen.

Futterspiele

Hühner sind normalerweise einen großen Teil des Tages mit der Futtersuche beschäftigt. Sie picken und scharren und ergänzen im Freilauf ihren üblichen Speiseplan. Im Stall können Sie diese Situation über Futterspiele und Futterspielzeug nachahmen. Hier einige Anregungen:

- Spießen Sie Obst und Gemüse auf Zweige auf, von denen die Hühner das Grünzeug abpicken können.

- Verwenden Sie einen hängenden Futterspender oder hängen Sie Obst und Gemüse an Stricken im Stall, bei dem sich die Tiere überlegen müssen, wie sie am besten rankommen.

- Pflastern Sie den Weg zum Futter mit Hindernissen, die von den Tieren überwunden werden müssen.

Scharren und Suchen

Scharren ist eine der Lieblingsbeschäftigung Ihrer Hühner, gleichzeitig halten Sie sich damit in Bewegung. Beim Scharren kratzen die Tiere mit ihren Krallen über den Boden und wühlen ihn auf, um Körner, Würmer oder Insekten aufzustöbern, die sie anschließend mit Genuss verspeisen. Damit das Scharren auch im Stall möglich ist, können Sie den Boden mit Laub oder Rindenmulch ausstreuen und darunter Leckerbissen wie zum Beispiel lebende Mehlwürmer verstecken, die Sie im Zoofachhandel erhalten.

Anbauen

Ist der Hühnerstall sehr klein, können Sie für die Zeit der Stallpflicht anbauen, zum Beispiel in Form eines überdachten Pavillons mit Seitenwänden, den Sie zusätzlich mit einem Zaun sichern. Dort können Sie auch ein Sandbad einrichten, damit die Hühner auch dieser Lieblingsbeschäftigung nachgehen können. Im Stall selbst sollten Sie auf Sand verzichten, da sich der Staub in dem engen Raum auf die Atemwege auswirken kann.

Gute Düfte für mehr Wohlbefinden

Lavendel wirkt nicht nur auf uns Menschen entspannend, auch Hühner mögen den Geruch. Hängen Sie dazu einfach einige Büschel mit Lavendelzweigen an der Stalldecke auf oder legen Sie diese in die Legenester. Sie werden sehen: Ihre Hühner werden deutlich ruhiger sein.

Bei allen Ideen, die Sie im Stall umsetzen wollen, sollten Sie immer darauf achten, dass für die Tiere keine Verletzungsgefahr besteht!

Stallhygiene ist jetzt besonders wichtig!

Müssen Ihre Hühner im Stall bleiben, ist eine gute und regelmäßige Stallhygiene noch wichtiger als sonst. Denn durch die Enge ist die Gefahr von Milben und Keimen besonders hoch. Misten Sie also regelmäßig und häufig aus und desinfizieren Sie den Stall. Das gilt auch für die Wasser- und Futternäpfe oder -automaten. Je nach Stallgröße kann es sein, dass Sie die Tiere während der Reinigung auslagern müssen. Dazu eignet sich zum Beispiel ein geschlossener Schuppen, ein Gerätehäuschen oder notfalls auch eine große, oben geschlossene Holzbox. Achten Sie darauf, dass auch der Ausweichraum sicher und geschlossen sein muss, denn die Hühner dürfen während der Stallpflicht auf keinen Fall ins Freie.

Licht und Luft

Damit die Tiere gesund und zufrieden bleiben und auch im Stall weiterhin Eier legen, ist genug Luft und Licht jetzt besonders wichtig. Sorgen Sie dafür, dass es im Stall etwa 14 Stunden am Tag hell ist. Reicht das Tageslicht durch die Fenster nicht aus, installieren Sie Tageslichtlampen und sorgen Sie so für zusätzliches Licht. Wenn Sie den Stall belüften, müssen Sie darauf achten, dass die Hühner nicht flüchten können. Ideal ist es, wenn Sie vor den Fenstern und Öffnungen einen stabilen Zaun spannen.

> Wichtig bei künstlichem Licht: Verwenden Sie zum An- und Ausschalten einen Dimmer. Ändern sich die Lichtverhältnisse zu plötzlich, erschreckt das die Hühner, was zu noch mehr Stress und Verletzungen führen kann.

Das Wichtigste auf einen Blick

- Der Hühnerstall muss trocken, gut belüftet, aber zugfrei, sicher und groß genug sein. Pro Quadratmeter Stallfläche können Sie maximal drei Hühner unterbringen.

- Verwenden Sie ein bereits vorhandenes Gebäude als Stall, müssen Sie dieses gründlich reinigen und desinfizieren, bevor die Hühner einziehen.

- Ein großer, gut gepflegter und durchdachter Freilauf bringt Ihren Hühnern jede Menge Vorteile. Sie können dort ihre natürlichen Triebe ausleben und sich selbst ihr Futter suchen.

- Hühnerstall und Freilauf müssen regelmäßig und gründlich gereinigt werden.

- Pro Huhn sollten Sie für den Freilauf eine Größe von mindestens 5 besser noch 10 m^2 Fläche einplanen.

- Das optimale Material für die Umzäunung des Hühnerauslaufs ist ein Stabmattenzaun aus Metall.

- Um die Bedürfnisse Ihrer Hühner bestmöglich zu erfüllen, sollten Sie nicht nur die Größe des Auslaufes richtig wählen, sondern diesen auch für die Tiere "einrichten".

- Wenn ansteckende und gefährliche Hühnerkrankheiten wie die Vogelgrippe kursieren, kann es sein, dass die Behörden Ihren Hühnern Hausarrest erteilen. Durch Futterspiele können Sie Ihren Tieren die Zeit im Stall erleichtern.

Alles rund ums Hühnerfutter

Laut Tierschutzgesetz müssen "alle Hühner täglich entsprechend ihrem Bedarf mit Futter und Wasser in ausreichender Menge und Qualität" versorgt werden. Für verantwortungsvolle Tierhalter ist das natürlich eine Selbstverständlichkeit. Doch was heißt Bedarf? Welches Futter ist das richtige? und wie viel davon braucht ein Huhn?

Der ideale Futtermix

Das Futter für Ihre Hühner setzt sich optimalerweise aus drei Bestandteilen zusammen:

- Futter aus dem Freilauf, dass die Tiere sich selbst suchen
- Hühnerfutter in Form von Futtermischungen
- Obst, Gemüse und Eiweiß

Zumindest im Sommer ist der Tisch für Ihre Hühner im Hühnerauslauf bestens gedeckt. Sie finden dort Würmer, Käfer, Insekten, Gräser und Kräuter und naschen gerne auch an Fallobst. Auch frischen Rasenschnitt fressen sie sehr gerne. Das Frischfutter beschäftigt die Tiere und versorgt sie mit wertvollen Nähr- und Mineralstoffen. Die naturnahe und abwechslungsreiche Ernährung kann fertiges Hühnerfutter nicht ersetzen. In einem großen Freilauf kann der Futterbedarf der Tiere zu 50 bis 60 % abgedeckt werden, dann dient das Hühnerfutter nur zur Ergänzung der Restmenge.

Im Winter sieht die Sache allerdings anders aus, denn dann finden die Tiere im Freilauf kein Futter mehr. Gerade in dieser Jahreszeit ist es wichtig, die Tiere nicht ausschließlich mit Fertigfutter zu versorgen, sondern ihnen zusätzlich eine abwechslungsreiche und gesunde Frischkost anzubieten.

Ihre Hühner werden Sie umso mehr lieben, wenn Sie Ihnen zusätzlich zu den Körnern im Hühnerfutter frisches Obst und Gemüse anbieten. Die Leckerbissen sorgen vor allem im Winter für Abwechslung auf dem Speiseplan. Gut geeignet sind:

- Geriebene Möhren
- Zucchini
- Gurke
- Beeren aller Art
- Apfel
- Salat
- Brennnesselblätter
- Mais direkt vom Kolben
- Mehlwürmer (frisch oder getrocknet)
- Tauwürmer

Ausgenommen von den harten Möhren können Sie das Obst und Gemüse am Stück servieren. Die Hühner picken mit ihren scharfen Schnäbeln gerne Stücke heraus und befriedigen damit gleichzeitig natürliche Instinkte. Die Frischkost ist vor allem auch wichtig, falls in Ihrem Landkreis eine Stallpflicht nach dem Seuchenschutzgesetz ausgerufen wird. Für mehr Abwechslung im Hühnerstall sorgen dann verschiedene Futterspiele, Ideen dazu finden Sie im Kapitel „Hühnerstall und Freilauf".

Als Gourmets lieben die Tiere übrigens auch Gekochtes wie Kartoffeln, Reis und Nudeln oder auch Mais aus der Dose - natürlich alles ungewürzt.

Hühnerfutter aus dem Handel sollte den Tieren ständig zur Verfügung stehen, zum Beispiel in Form eines Futterautomaten. Damit keine Wildvögel angelockt werden, die Ihre Tiere mit ansteckenden Krankheiten infizieren könnten, sollten Sie Hühnerfutter grundsätzlich nur im Stall geben. Wichtig bei der Futterauswahl ist eine gute Qualität - denn was Ihr Huhn frisst, wirkt sich auf sein Wohlbefinden, seine Gesundheit und auf die Legeleistung und die Qualität der Eier aus.

Ein gutes Futter ist abwechslungsreich zusammengestellt und enthält alle nötigen Inhaltsstoffe für ein gesundes Hühnerleben. In gutem Legefutter für Hühner sollten die Nähr- und Mineralstoffanteile in etwa so aufgeteilt sein:

- 17 bis 19 % Rohprotein (aus pflanzlichen Quellen)
- 5 bis 6 % Fett
- 3 bis 6 % Rohfaser
- 0,73 bis 0,75 % Lysin (Aminosäure)
- 0,37 bis 0,4 % Methionin (Aminosäure)
- 3,5 bis 4,5 % Calcium

Spezielles Legefutter

Damit Ihre Hühner auch fleißig Eier legen, benötigen Sie spezielle Nährstoffe. Im Handel sind diese in Form von Legekorn oder Legemehl erhältlich. Legekorn können Sie Ihren Hühnern als Alleinfuttermittel geben, denn es enthält alles, was die Tiere brauchen - natürlich gerne zusätzlich zu dem oben genannten Frischfutter vom Freilauf und den Leckereien aus Ihrer Küche.

Die Futtermischungen enthalten vorwiegend Körner, spezielles Legefutter ist ansonsten auch in Form von Pellets, oder dem Legemehl erhältlich. Letzteres wird mit Wasser zu einem Brei vermischt, den die Tiere dann aufpicken. Welche Variante Sie wählen, ist reine Geschmackssache, wobei Legekorn die natürliche Lust der Hühner zu picken, am besten befriedigt. Für eine ausreichende Versorgung mit den wichtigen Nährstoffen für eine gute Legeleistung sollten Ihre Hühner pro Tag und Kilogramm Körpergewicht ca. 50 Gramm Futter aufnehmen. Zusätzlich benötigt ein Huhn weitere 50 Gramm Futter pro Kilogramm, um auch wirklich Eier legen zu können.

Legefutter können Sie Ihren Hühnern etwa ab der 20. Lebens-woche füttern, denn dann beginnen sie, die ersten Eier zu legen. Wenn Sie Ihre Junghennen vom normalen Futter auf Legekorn umstellen, sollten Sie es langsam angehen, damit sich die Ver-dauung der Tiere an die neue Futtermischung gewöhnen kann. Dazu vermischen Sie Junghennenfutter und Legekorn und erhöhen täglich den Anteil des Legefutters.

Hühner brauchen Kalk!

Damit Ihre Hühner Eier mit stabilen festen Schalen legen, brauchen Sie ausreichend Kalk in ihrer Nahrung. Diesen erhalten Sie am besten in Form von sogenanntem Grit, das sind gebrannte und gemahlene Muschelschalen, die nicht nur den nötigen Kalk, sondern auch viele Mineralstoffe enthalten. Fehlt der Kalk, kommt es zu sogenannten Windeiern. So nennt man Eier, deren Schale sehr dünn ist oder komplett fehlt. Bei großem Kalkmangel bauen die Tiere sogar ihre eigenen Knochen ab, um sich den Kalk für die Eierschalen zu holen. Eine bewährte und kostengünstige Methode ist es auch, die Eierschalen der eigenen Eier zu zermahlen und den Tieren als Kalkquelle zusätzlich übers Futter zu streuen.

Wie viel Futter und Wasser braucht ein Huhn?

Wie viel ein Huhn frisst, ist von verschiedenen Faktoren abhängig, so zum Beispiel von der Größe, der Bewegung, dem Freilauf, dem Alter und der Legeleistung. Es ist wie beim Menschen: Je aktiver ein Tier ist, umso höher ist sein Futterbedarf. Als Faustregel können Sie für ein Huhn mit einem Gewicht von 2,5 kg einen Futterbedarf von 120 Gramm pro Tag annehmen. Hält sich Ihr Tier viel im Freilauf auf, wird die benötigte Menge an Hühnerfutter deutlich sinken, da es sich einen Teil seines Futters selbst sucht; im Winter fressen die Tiere mehr. Deshalb sind Futterspender im Stall besonders nützlich: Sie halten das Futter sauber und die Tiere können sich je nach Bedarf bedienen.

Pro Huhn können Sie weiterhin mit einem Wasserbedarf von 250 ml täglich rechnen. Auch hier schwanken die Mengen: Fressen die Tiere viel Frischfutter, trinken sie weniger als bei einer vorwiegenden Fütterung mit Körnerfutter.

Der Bedarf an Wasser und Futter klingt erst einmal wenig, rechnet man die Mengen allerdings auf den Menschen um, würde eine Person mit 70 kg Gewicht pro Tag sieben Liter Wasser und etwa 3,5 kg Nahrung aufnehmen müssen, um auf den Bedarf des Huhns zu kommen.

Was Sie Ihren Hühnern nicht füttern sollten

So abwechslungsreich und vielfältig der Geschmack der Hühner ist, gibt es jedoch einiges, was sie nicht fressen dürfen, da die Tiere davon mindestens Durchfall bekommen oder sogar ernstlich erkranken können. Dazu gehört natürlich schimmliges oder verdorbenes Futter, aber auch:

- Stark gewürzte Speisen (Essensreste)
- Zitrusfrüchte in größeren Mengen, da zu viel Vitamin C bei den Tieren zu Darmblutungen führt
- Avocados - die übrigens für fast alle Tiere giftig sind
- Kohl in größeren Mengen
- verarbeitete Fleischprodukte
- Speisen mit Hefe oder Backpulver wie zum Beispiel rohen Teig

Noch ein paar Worte zum Thema Fleisch: Obwohl Hühner keine Vegetarier sind - sie fressen sehr gerne Würme und Insekten - ist es in Deutschland gesetzlich verboten, Hühner mit fleischhaltigem Futter zu füttern. Das in den Fertigmischungen zugesetzte Eiweiß muss deshalb auch aus pflanzlichen Quellen wie Erbsen oder Soja kommen. Das Verbot bezieht sich dabei auf verarbeitetes Fleisch, und so gibt es durchaus Futter, dem unverarbeitete Tiere wie zum Beispiel Garnelen zugesetzt sind.

Wann ist die beste Zeit zum Füttern?

Ihren Hühnern ist es grundsätzlich egal, wann Sie ihnen Futter geben, Hauptsache, der Nachschub bleibt nicht aus. Empfehlenswert sind regelmäßige Futterzeiten. Die Tiere merken sich diese und kommen dann von selbst, wenn Fütterungszeit ist. Als Bonus reduziert das das Stresslevel der Tiere

In vielen Fällen ist es günstig, die Tiere am Abend zu füttern, dann kommen die Hühner zuverlässig zum Stall, sind satt und zufrieden und schlafen nachts ruhiger. Der Nachteil daran ist ein höherer Anfall von Kot im Stall als bei einer morgendlichen Fütterungszeit. Da es den Tieren egal ist, können Sie die Zeiten so legen, wie es am besten in Ihren Tagesrhythmus passt.

Das Wichtigste auf einen Blick

- Der ideale Futtermix für Ihre Hühner setzt sich aus selbstgesuchtem Futter, Hühnerfutter und Frischkost zusammen.
- Frischkost ist vor allem auch wichtig, falls in Ihrem Landkreis eine Stallpflicht nach dem Seuchenschutzgesetz ausgerufen wird.
- Damit keine Wildvögel angelockt werden, die Ihre Tiere mit ansteckenden Krankheiten infizieren könnten, sollten Sie Hühnerfutter grundsätzlich nur im Stall geben.
- Ein gutes Futter ist abwechslungsreich zusammengestellt und enthält alle nötigen Inhaltsstoffe für ein gesundes Hühnerleben.
- Damit Ihre Hühner auch fleißig Eier legen, benötigen Sie spezielle Nährstoffe, im Handel sind diese in Form von Legekorn oder Legemehl erhältlich. Legekorn können Sie Ihren Hühnern als Alleinfuttermittel geben.
- Ein Huhn mit einem Gewicht von 2,5 kg benötigt täglich ca. 120 Gramm Futter und 250 ml Wasser.
- Hühner sind keine Allesfresser. Einige Nahrungsmittel führen zu Durchfall oder schaden den Tieren anderweitig.
- Idealerweise füttern Sie die Hühner im Stall und immer zur gleichen Uhrzeit.

Vom Gartenhuhn zum Biohuhn

Haben Sie den Anspruch, echte Biohühner zu halten und Ihre eigenen Bio-Eier zu genießen, gibt es hinsichtlich der Haltungsform wie auch in Bezug auf das Futter Verschiedenes zu beachten. Am Anfang steht die Frage: Was bedeutet Bio in diesem Zusammenhang überhaupt?

Kaufen Sie ein Bio-Ei, muss das verschiedene Anforderungen erfüllen, um dieses Label zu erhalten. Dazu gehört eine artgerechte Haltung, eine langsame Aufzucht sowie biologisches Futter. Immer mehr Bioeier werben auch damit, dass die Hähne nicht wie früher üblich sofort getötet werden. Beim gekauften Bioei aus dem Supermarkt sollten Sie sich darüber im Klaren sein, dass es zwar bestimmte Anforderungen gibt, diese jedoch teilweise weit gefasst sind und nur stichprobenartig untersucht werden. Besser sieht es schon im Bioladen aus, denn die dort verkauften Waren müssen höheren Ansprüchen erfüllen – dennoch stammen auch diese Eier aus Massentierhaltung, anders ließen sich die großen Mengen einfach nicht produzieren. Und deshalb ist das Ei von Ihren eigenen Hennen – ob nun Bio oder nicht – einfach nicht zu toppen.

Möchten Sie Ihre eigenen Hühner zu richtigen Biohühnern machen, haben Sie die meisten Voraussetzungen wie eine artgerechte Haltung mit viel Freilauf und Platz ohnehin bereits erfüllt. Jetzt kommt es nur noch auf das Futter an. Hier sollten Sie sich für ökologisch erzeugte Futtermittel entscheiden, die mittlerweile im Handel ganz leicht erhältlich sind. Selbst Nahrungsergänzungsmittel und Zusatzstoffe sind erlaubt. Ein weiterer Aspekt betrifft die Medikamentengabe. Natürlich dürfen und müssen Sie auch Ihre Biohühner impfen und gegen Krankheiten behandeln, allerdings sollten Sie keine vorbeugenden Medikamente (abgesehen von den erforderlichen Impfungen) oder solche, die das Wachstum beschleunigen wie zum Beispiel bestimmte Antibiotika, verabreichen. Müssen die Hühner Medikamente einnehmen, sollten Sie ohnehin genau darauf achten, dass Sie eventuell erforderliche Wartezeiten für den Verzehr der Eier oder des Fleischs einhalten.

Ein weiterer Aspekt ist das möglichst schmerz- und stressfreie Schlachten, denn auch das gehört zur biologischen Hühnerhaltung. Was Sie dabei beachten müssen, lesen Sie im Kapitel "Hühner schlachten".

Schutz vor Fressfeinden

Die natürlichen Feinde ausgewachsener Hühner sind Hunde, Katzen, Marder und Füchse sowie Greifvögel, zum Beispiel Milan und Habicht. Entdecken Hühner einen Feind, ist ihre natürliche Reaktion die Flucht, sie versuchen, sich an einem geschützten Ort zu verstecken. Ihr bevorzugter Rückzugsort ist der gewohnte Stall, ist dieser nicht erreichbar, nutzen sie ebenso Gebüsche und überhaupt alle Orte, die Schutz und Deckung versprechen.

Während freilebende Hühner ihr Verhalten und ihren Aufenthaltsort möglichst sicher wählen können, sieht das bei der Hühnerhaltung etwas anders aus. Die Tiere sind darauf angewiesen, dass der Mensch ihnen die entsprechenden Möglichkeiten schafft. Bei den Schutzmöglichkeiten, die Sie für Ihre Tiere einrichten wollen, müssen Sie zwischen Feinden am Boden und Feinden aus der Luft unterscheiden. Während ein Vordach oder ein Gebüsch für die Hühner ausreicht, um sich vor Greifvögeln zu schützen, benötigen Sie zum Schutz vor Füchsen, Mardern und anderen Raubtieren einen abgeschlossenen Bereich, in den die Räuber gar nicht erst eindringen können.

Fuchs und Marder im Hühnerstall

Entsetzte Hühnerhalter stehen nicht selten vor einem regelrechten Blutbad, das Raubtiere im Hühnerstall hinterlassen können. In der freien Natur ergibt sich so eine Situation nicht, denn die Hühner können vor der Gefahr von vornherein ausweichen, angemessen flüchten oder sich verstecken. Im begrenzten Stallraum, in dem die Hühner eingeschlossen sind, gibt es keinen rettenden Ausweg und das bietet die optimalen Bedingungen für Marder oder Fuchs. Da nützt es auch nichts, einen wehrhaften Hahn in der Gruppe zu halten. Obwohl die Hähne sich durchaus dem Feind stellen, sind sie ohne Fluchtmöglichkeiten nur in seltenen Fällen die Sieger.

Füchse und Marder sind nachtaktiv, deshalb besteht die größte Gefahr auch nachts. Bei Futtermangel oder im Winter versuchen die Tiere jedoch auch durchaus tagsüber an die Hühner heranzukommen. Ihnen reichen schon kleine Schlupflöcher oder ein gekipptes Fenster, um in den Stall zu gelangen. Sind sie einmal drin, beschränken Sie sich nicht darauf, nur ein Huhn zu holen, sondern töten meistens den ganzen Bestand, indem sie die Köpfe abbeißen. So grausam dieses Schauspiel auch ist, steckt keine Mordlust dahinter, sondern die Tiere folgen damit lediglich ihren natürlichen Instinkten. Durch das aufgeregte Flattern der Tiere wird der Beutefang-Reflex ausgelöst und das leider so lange, bis kein Huhn mehr flattern kann.

Tagsüber stellen unsere Haustiere eine größere Gefahr für die Hühner dar. Bei Katzen beschränkt sich das Risiko allerdings auf Küken, sie wagen sich nur ausgesprochen selten an ausgewachsene Hühner und wenn doch, können diese die Katze meist erfolgreich in die Flucht jagen. Anders sieht es bei Hunden aus. Sie scheuchen das Huhn solange, bis seine Kräfte nachlassen und reißen es dann. Während man den eigenen Hunden im Haushalt meist durchaus beibringen kann, dass die Hühnerfür sie tabu sind, sieht es bei Streunern anders aus. Entdecken sie die leichte Beute, springen sie über den Zaun in den Freilauf, und durch die eingeschränkten Fluchtmöglichkeiten der Hühner ist es ziemlich sicher, dass sie mindestens eins erbeuten. Gelangen Hunde in den Hühnerstall, verhalten sie sich oft ähnlich wie Füchse und Marder und töten den kompletten Bestand.

Ratten und Mäuse

Auch Ratten und Mäuse können für Hühner gefährlich werden. Zwar sind sie meist nicht in der Lage, ausgewachsene Hühner zu töten, stellen aber auf andere Weise eine Gefahr dar. Ratten stehlen die Eier, verbreiten Krankheiten und knabbern teilweise kranke oder schlafende Hühner an. Mäuse stehlen das Futter und urinieren in Körner und Trinkwasser. Damit übertragen sie Krankheiten und können Ihren Hühnerbestand infizieren.

Gefahr aus der Luft

Gefahr aus der Luft droht den Hühnern vorwiegend von Greifvögeln, aber auch Krähen können ein Problem darstellen. Ausgewachsene Hühner sind allerdings nur selten Opfer, meist fixieren sich die Raubvögel auf Küken und Jungtiere, da diese weniger schnell und geschickt im Verstecken und außerdem leichter sind.

Maßnahmen zur Fuchs- und Marderabwehr

Fuchs und Marder sind gefährliche Feinde für Ihre Hühner und können großen Schaden unter Ihrer Gruppe anrichten. Und dennoch fallen auch diese Tiere unter das Tierschutzgesetz. Sie dürfen nicht getötet oder gequält werden. Das Aufstellen von Fallen und das Jagen bzw. das Abschießen der Tiere ist nur mit einem Jagdschein erlaubt. Als privater Hühnerhalter müssen Sie sich deshalb auf passive Abwehrmaßnahmen beschränken.

Nehmen die Angriffe überhand, können Sie sich allerdings mit dem örtlichen Jäger verständigen, der auch aktiv gegen die Tiere vorgehen darf.

Nachts im Hühnerstall

Der beste Schutz gegen die vorwiegend nachtaktiven Tiere ist die Hühner ab der Abenddämmerung im Stall einzuschließen. Dies setzt allerdings voraus, dass der Stall auch fuchssicher ist, zum Beispiel durch:

- eine verschlossene, schwer zu öffnende Tür,
- eine stabile Stallkonstruktion ohne Schlupflöcher oder die Möglichkeit, sich welche zu schaffen,
- Vergitterte Fenster und Lüftungsöffnungen, damit Sie den Stall belüften können, ohne dass Fuchs oder Marder von außen hineingelangen.

Können Sie nicht gewährleisten, dass Sie Ihre Hühner jeden Abend rechtzeitig "ins Bett" bringen können, kann eine elektrische Hühnerklappe die Lösung sein. Die Tiere ziehen sich in der Dämmerung ohnehin zurück und gehen dann von selbst in den Stall. Die Klappe ist je nach Modell mit einem Timer oder einem Dämmerungssensor gestaltet und öffnet und schließt sich automatisch. Einige Modelle sind auch mit einer Funkfernbedienung ausgestattet. Der Nachteil dieser Klappe: Gelangt ein Huhn nicht rechtzeitig in den Stall, bleibt es ausgesperrt. Sie haben keine Kontrolle darüber, ob auch wirklich alle Hühner das schützende Zuhause erreicht haben. Weiterhin sollten Sie nicht die Intelligenz der Raubtiere unterschätzen. Die geschickten Jäger können Klappen ohne Selbstverriegelung leicht öffnen, indem Sie diese hochschieben. Welche Voraussetzungen ein sicherer und stabiler Hühnerstall erfüllen muss, lesen Sie im Kapitel "Hühnerstall und Freilauf".

Das Freilandgehege

Auch das Freilandgehege muss entsprechend geschützt werden. Eine Umzäunung allein sorgt zwar dafür, dass die Hühner nicht ausbrechen können, bietet aber keinen ausreichenden Schutz gegen die Jäger. Füchse und Marder finden jedes Schlupfloch, graben sich unter dem Zaun durch, klettern darüber oder beißen das Zaunmaterial durch. Damit der Zaun rund um das Hühnergehege fuchssicher wird, müssen Sie folgende Punkte beachten:

- Die Umzäunung sollte mindestens eine Höhe von 1,80 m aufweisen und mindestens 0,8 m tief in die Erde eingegraben werden.

- Verwenden Sie durchbeißsicheren Zaun, am besten aus verzinktem Stahl.

- Wählen Sie für den Zaun engmaschiges Material, damit die Tiere nicht daran hochklettern können oder wählen Sie einen Zaun aus senkrechten Streben.

- Ein Elektrodraht am oberen Ende und ca. 30 cm über dem Boden bietet zusätzlichen Schutz.

- Knicken Sie den Zaun am oberen Ende auf einer Breite von 50 cm nach außen ab, kann kein Tier darüber klettern.

- Überspannen Sie das Gehege nach Möglichkeit mit einem Netz - das schützt Ihre Hühner gleichzeitig auch vor Greifvögeln.

- Kontrollieren Sie den Zaun regelmäßig auf Löcher und Durchschlupfmöglichkeiten.
- Achten Sie darauf, dass auch im Bereich der Tür keine Öffnungen oder Spalte vorhanden sind.

Abbildung 5 Füchse sind ausgezeichnete Kletterer

Verjagen statt anlocken

Damit insbesondere Füchse es sich gar nicht erst in der Umgebung Ihres Hauses gemütlich machen, sollten Sie jeden Fuchs sofort verjagen, zum Beispiel mit lauten Geräuschen oder einer Trillerpfeife. Locken Sie den Fuchs auch nicht mit offenen Müllbehältern an, und selbstverständlich dürfen Sie auch kein extra Futter aufstellen.

Ein Hund als wirksame Abschreckung

Besitzen Sie einen Hofhund, brauchen Sie sich um Ihre Hühner wenig Sorgen machen, denn bellende oder im Garten umherstreifende Hunde sorgen zuverlässig dafür, dass Füchse und Marder fernbleiben. Verboten ist es allerdings, den Hund aktiv auf den Fuchs zu hetzen. Damit verstoßen Sie gegen das Tierschutzgesetz. Entscheiden Sie sich für die Lösung Hund, sollten Sie dem Tier allerdings unbedingt beibringen, dass es selbst keine Hühner jagen darf. Ansonsten verscheuchen Sie zwar den einen Feind, holen sich jedoch einen anderen ins Haus.

Übrigens ist es gar nicht nötig, dass sich Ihr Hund die ganze Zeit über im Freien aufhält und Ihre Hühner aktiv bewacht. Häufig reichen bereits der Geruch eines Hundes auf dem Grundstück und einige unangenehme Erfahrungen aus, um Füchse und Marder dauerhaft fernzuhalten.

Ein Hund ist als alleinige Schutzmaßnahme nicht ausreichend und zuverlässig genug, kann jedoch weitere Vorkehrungen effektiv unterstützen.

Weitere Abschreckungsmaßnahmen

Weitere Möglichkeiten, Füchse und Marder fernzuhalten, sind zum Beispiel:

- Flutlicht mit Bewegungsmelder – allerdings gewöhnen sich die Raubtiere schnell daran und lassen sich bald nicht mehr abschrecken.

- Menschenschweiß – Im Handel sind stark nach Menschenschweiß riechende Sprays erhältlich, die auf Wildtiere abschreckend wirken. Dazu müssen Sie den

Stall und das Gehege regelmäßig mit dem Spray einnebeln.

- Ultraschall – An Bewegungsmelder gekoppelte Ultraschallgeräte senden abschreckende Töne aus, die für den Menschen unhörbar sind. Auch hier kann ein Gewöhnungseffekt eintreten.

Zum Teil wird empfohlen, die Umgebung rund um den Hühnerstall häufig zu verändern, zum Beispiel, indem lose Gegenstände wie Eimer oder Äste täglich umgestellt werden. Das kann helfen, ist aber aufwendig und keinesfalls eine garantierte Maßnahme. Ebenfalls abschreckend kann ein laufendes Radio sein – das nervt allerdings nicht nur den Fuchs, sondern auch die Nachbarn und wahrscheinlich Sie selbst.

Schutz vor Raubvögeln

Raubvögel wie Milane oder Habichte, aber auch Krähen sind besonders für Küken und Jungvögel gefährlich. Die beste Abwehrmaßnahme im eingezäunten Freilauf ist ein Schutznetz über dem kompletten Auslauf. Bewegen sich die Hühner frei im Garten oder ist der Auslauf sehr groß und es so nicht möglich, ein Netz zu spannen, haben Sie noch weitere Möglichkeiten:

- Bieten Sie Ihren Tieren überdeckte Unterschlupfe wie zum Beispiel Büsche oder niedrige Überdachungen. Naht ein Raubvogel, können sich die Tiere dort verstecken.

- Installieren Sie Abschreckungsmaßnahmen. Dies können bunte Bänder sein, die im Garten aufgespannt werden, oder auch reflektierende Kugeln, deren

Spiegelungen die Vögel irritieren und ablenken. Auch eine Vogelscheuche kann abschreckend wirken, allerdings gewöhnen sich die schlauen Vögel schnell an die unbewegliche Silhouette im Garten.

- Eine interessante und gleichzeitig auch nützliche Abwehrmaßnahme ist das Halten einiger Perlhühner. Die aufmerksamen Tiere brechen beim Anblick eines Greifvogels in lautes, durchdringendes Gegacker aus. Dies warnt alle Tiere im Rudel und verscheucht den Raubvogel. Darüber hinaus legen auch Perlhühner Eier und bieten schmackhaftes Fleisch. Haben Sie Lust auf Gänse, bieten diese wehrhaften Vögel einen prima Schutz vor Raubvögeln und vertreiben sogar Füchse, Marder und freche Hunde. Allerdings sind Perlhühner und Gänse laute Tiere und können deshalb in dichter bewohnten Gebieten nur schwer gehalten werden.

Das Wichtigste auf einen Blick

- Die natürlichen Feinde ausgewachsener Hühner sind Hunde, Katzen, Marder und Füchse sowie Greifvögel, zum Beispiel Milan und Habicht sowie Krähen. Auch Ratten und Mäuse können für Hühner gefährlich werden.
- Ihre Hühner sind darauf angewiesen, dass Sie ihnen Schutz- und Fluchtmöglichkeiten schaffen.
- Füchse und Marder sind nachtaktiv, deshalb besteht die größte Gefahr auch nachts.
- Tagsüber stellen unsere Haustiere, vor allem Hunde, eine Gefahr für die Hühner dar.
- Marder und Füchse fallen unter das Tierschutzgesetz.
- Auch das Freilandgehege muss entsprechend geschützt werden.
- Raubvögel wie Milane oder Habichte, aber auch Krähen sind besonders für Küken und Jungvögel gefährlich.
- Perlhühner und Gänse können vor Fressfeinden schützen, sind allerdings laut und deshalb nicht in Wohngebieten geeignet.

Die Hühner ziehen ein

Der Hühnerstall ist fertig und frisch eingestreut, die Wassernäpfe und Futtertröge sind gefüllt, und Sie haben ein letztes Mal kontrolliert, ob der Freilauf auch wirklich keine Schlupflöcher aufweist – Die Hühner können einziehen, und Ihr Leben als Hühnerhalter beginnt. Es ist aufregend mitzuerleben, wie die Tiere sich zu einer Gruppe finden, ihr neues Zuhause erkunden, und der Tag, an dem Sie die ersten Eier Ihrer eigenen Hühner auf dem Frühstückstisch haben, ist ein ganz besonderer.

Damit der Einzug reibungslos klappt, müssen Sie im Grunde nur wenig beachten. Höchstwahrscheinlich haben Sie die Hühner in einer Transportbox oder einem Pappkarton vom Züchter abgeholt und müssen jetzt fürs Erste nicht mehr tun, als die Box in den Stall zu stellen und zu öffnen. Alles Weitere können Sie den Tieren überlassen, sollten jedoch dennoch beobachten, ob es auch keine Probleme gibt.

Wenn die Tiere bereit sind, verlassen Sie ganz von selbst die sichere Kiste und machen sich in ihrem Tempo mit ihrem neuen Zuhause vertraut. Lediglich dann, wenn ein Huhn noch nach mehreren Stunden in der Box bleibt, können Sie nachhelfen, es sanft herausheben und auf die Füße stellen.

An den ersten Tagen ist es sinnvoll, die Tiere im Stall zu lassen, damit sie genau wissen, wo ihre Schlafplätze, Futter, Wasser und auch die Legenester sind. Haben Sie das Gefühl, die Hühner fühlen sich sicher im Stall und in ihrer Gruppe, können Sie die Tür zum Freilauf öffnen.

In den ersten Tagen ist es wichtig, regelmäßig nachzusehen, ob alles in Ordnung ist. Der Aufenthalt im Stall ist außerdem eine ausgezeichnete Gelegenheit, sich mit den Tieren bekannt zu machen und umgekehrt. Verbringen Sie ein wenig Zeit bei Ihren Tieren, sprechen Sie mit Ihnen und reichen Sie ihnen Futter aus der Hand, dann werden die Hühner schnell merken, dass von Ihnen nur Gutes zu erwarten und nichts zu befürchten ist. Schon nach kurzer Zeit werden sich die Hühner zuhause fühlen. Ab dann reicht es, sie morgens aus dem Stall zu lassen und abends wieder einzusperren. Dabei können Sie gleichzeitig kontrollieren, ob alle Hühner gesund sind und im Stall und Freilauf alles stimmt.

Hühner und Haustiere

Haben Sie noch weitere Haustiere, sollten Sie diese vorerst von den Hühnern fernhalten. Erst dann, wenn sich die Tiere komplett eingelebt haben, ist es Zeit, sie mit den tierischen Mitbewohnern bekannt zu machen.

Katzen und Hühner

Relativ einfach ist es, Katzen und Hühner aneinander zu gewöhnen. Zwar wird Ihre Katze die neuen Gartenbewohner sehr interessiert und aufmerksam beobachten, da es sich dabei aber weder um Beute noch um potentielle Spielkameraden handelt, wird sie das Interesse auch schnell wieder verlieren und die Hühner ignorieren. Wird die Katze doch einmal zudringlich, können sich die Hühner mit Sicherheit wehren. Dennoch sollten Sie eine Barriere schaffen. Ideal ist es, wenn die Hühner sich sicher im Auslauf befinden und die Katze sie von der anderen Seite beobachten kann.

Über Ihre Mieze müssen Sie sich erst wieder Gedanken machen, wenn die ersten Küken laufen. Mehr dazu, wie Sie Küken und Jungvögel vor frechen Katzen und anderen potentiellen Feinden schützen, lesen Sie im Kapitel "Die eigene Hühnerzucht".

Hunde und Hühner

Anspruchsvoller ist es schon, dem Hund klarzumachen, dass die Hühner weder Beute noch Spielgefährten sind. Hier müssen Sie konsequent und umsichtig vorgehen und sollten sich nicht darauf verlassen, dass Ihren Hund nicht doch einmal der Jagdtrieb packt. Sicher hat Ihr Hund schon mitbekommen, dass im Garten plötzlich etwas Neues los ist. Bevor Sie das Tier zum ersten Mal mit den Hühnern konfrontieren, sollten Sie absichern, dass er zum Beispiel durch einen langen Spaziergang in einem entspannten und gehorsamen Zustand ist. Je nachdem, wie zuverlässig Ihr Hund Kommandos befolgt, sollten Sie ihn anleinen und somit die volle Kontrolle behalten. Ist Ihr Hund ruhig, dann darf er gerne in die Nähe der Hühner schnuppern, dagegen sollten Sie dem aufgeregten Hund die Tiere nur kurz zeigen und sich dann wieder mit ihm entfernen.

Am nächsten Tag wiederholen Sie diesen Vorgang. Machen Sie dem Hund bei jeder Hühnerbegegnung deutlich klar, dass er sie weder anbellen, noch jagen, ja nicht einmal gierig anschauen darf. Am einfachsten geht dies mit Ablenkung und positiver Bestärkung. Arbeiten Sie mit Leckerlis, damit Ihr Hund erkennt, wann er sich lobenswert verhält. Bei schwierigen Hunden mit ausgeprägtem Jagdtrieb kann es sein, dass Sie immer ein Auge auf die Tiere haben müssen. Alternativ können Sie sich auch mit einem Hundetrainer in Verbindung setzen. In diesem Fall ist es außerdem wichtig, einen absolut hundesicheren Freilauf für die Hühner zu bauen, ähnlich wie es auch als Schutz vor Fuchs und Marder nötig ist.

Hühner und anderes Geflügel

Möchten Sie neben Ihren Hühnern auch anderes Geflügel wie Enten oder Gänse halten, ist dies grundsätzlich möglich. Allerdings müssen Sie hierbei, um Probleme zu vermeiden, verschiedenes beachten. Besonders wenn die kräftigen Gänse in einem Freilauf mit den Hühnern mitlaufen, kommt es häufig zu Mobbing, was teils zu schweren und durchaus auch blutigen Auseinandersetzungen führen kann. Um das zu vermeiden, ist es wichtig, dass die Tiere in getrennten Ställen oder zumindest Stallbereichen gehalten werden und der Freilauf so groß ist, dass sich die Tiere aus dem Weg gehen können. Rechnen Sie dazu den Platzbedarf Ihrer Hühner (10 m^2 pro Huhn) und den von Gänsen (80 bis 120 m^2 pro Gans) zusammen und geben Sie, wenn möglich, noch einige Quadratmeter mehr dazu. Hier gilt: Je größer, desto besser.

Damit sich die Hühner vor eventuellen Attacken der Gänse schützen können, müssen ausreichend Verstecke vorhanden sein, in die zwar die Hühner, nicht aber die Gänse hineingelangen. Geeignet sind Sträucher und Büsche oder auch kleine Schutzhütten, für die Gänse zu groß sind. Schließlich sollten Sie auch getrennte Futter- und Wasserbereiche einrichten, damit sich die Tiere entsprechend verteilen können. Gänse sind schlaue Tiere und langweilen sich nicht gerne. Je weniger Beschäftigung Sie im Auslauf finden, umso mehr nutzen Sie die Hühner, um sich auf ihre Art die Zeit zu vertreiben.

Für die gemeinsame Haltung mit Enten gelten ähnliche Regeln wie für Gänse.

Hühner und andere Nutztiere

Laufen in Ihrem Garten weitere Tiere wie Schafe oder Ziegen, können Sie sich entspannen. Hier kommt es zu einer friedlichen

Koexistenz, geprägt von beiderseitigem Desinteresse. Ebenso unproblematisch ist es bei ausreichend Fläche, diese Tierarten auf einem Außengelände laufen zu lassen.

Das Wichtigste auf einen Blick

- Lassen Sie Ihren Hühnern genug Zeit, sich an die neue Umgebung zu gewöhnen.

- An den ersten Tagen ist es sinnvoll, die Tiere im Stall zu lassen, damit sie genau wissen, wo ihre Schlafplätze, Futter, Wasser und auch die Legenester sind.

- Sehen Sie anfangs regelmäßig nach, ob alles in Ordnung ist.

- Katzen und Hühner sind leicht aneinander zu gewöhnen.

- Bevor Sie Ihren Hund zum ersten Mal mit den Hühnern konfrontieren, sollten Sie absichern, dass er in einem entspannten und gehorsamen Zustand ist, zum Beispiel durch einen langen Spaziergang.

- Mit anderen Nutztieren wie Ziegen oder Schafen gibt es keine Probleme.

- Halten Sie Hühner und Gänse oder Enten in einem Gehege, müssen Sie für genug Platz, Rückzugsmöglichkeiten für die Hühner und Beschäftigung für die Gänse sorgen.

Hühnerkrankheiten und Hühnerpflege

Kaufen Sie Ihre Hühner von einem seriösen Züchter, haben Sie die Garantie, gesunde und legefreudige Hühner zu bekommen, die geimpft, entwurmt und robust sind. Dies ist bereits eine gute Ausgangsbasis, dennoch müssen Sie sich immer wieder mit der Gesundheit Ihrer Hühner und damit auch mit den einzelnen Krankheiten befassen. Dazu sollten Sie auch Grundlegendes über die Anatomie der Tiere wissen.

Im folgenden Kapitel finden Sie eine kurze anatomische Einführung, einen Überblick über die häufigsten Hühnerkrankheiten, wie man diesen vorbeugt und was zu tun ist, wenn Ihre Tiere erkranken. Neben verschiedenen ansteckenden Erkrankungen kann es auch bei bester Haltung und sorgfältiger Stallhygiene immer mal wieder zu leichteren Erkrankungen kommen, die teilweise eines Tierarztes bedürfen, aber in einigen Fällen auch selbst mit Mitteln aus der unverzichtbaren Hühnerapotheke behandelt werden können.

Die Anatomie des Huhns

Wer ein Tier hält, sollte mindestens Grundkenntnisse darüber haben, wie der Körper aufgebaut ist und welche Besonderheiten die Anatomie mit sich bringt. Wenn Sie auch das Innenleben Ihres Huhns kennen, bemerken Sie deutlich schneller, wenn etwas nicht in Ordnung ist, und können Gefahren und Risiken etwas besser einschätzen. Im folgenden Kapitel finden Sie einen kurzen Einblick in die Hühneranatomie.

Abbildung 6 So sieht ein Huhn von Innen aus!

Das Skelett

Das Skelett ist das Stützgerüst des Körpers, es hält Organe und Muskeln an Ort und Stelle und schützt Gelenke, das Gehirn, Augen und Nervenmark. Schließlich bildet das Skelett auch die Gelenke und dient als Ansatzpunkt für die Muskeln. Einige Knochen werden sogar zur Atmung gebraucht.

Die Knochen im Kopf

Der Schädel bildet das schützende Gehäuse für das Gehirn und alle Sinnesorgane. Zusammen mit der Rachen- und Nasenhöhle bildet er ebenso den Eingang zum Atmungs- und Verdauungstrakt im Körper.

Der Rumpf

Der Rumpf eines Huhns besteht aus Wirbelsäule, Rippen und Brustbein. Alle Einzelteile sind miteinander verbunden und bilden eine feste und schützende Einheit für die lebenswichtigen Organe des Tiers.

Die Flügel

Die Flügelknochen sind im Grunde umgebaute Vorderbeine und bestehen ebenso wie diese aus Ober- und Unterarm. Am Unterarm sind die Armschwingen angewachsen. Die Verbindung zum Rumpf erfolgt über den sogenannten Schultergürtel, der aus Schulterblatt, Rabenschnabelbein und Schlüsselbein besteht.

Beine und Becken

Auch wenn man ihn durch das dichte Gefieder nur erahnen kann: Auch Hühner besitzen einen Oberschenkelknochen, der am Beckengürtel sitzt. Auch ein Knie ist vorhanden, unterhalb des Knies sitzt der Unterschenkelknochen, der in einem Fersengelenk endet, an dem wiederum der Hühnerfuß mit seinen vier Zehen sitzt. Jede Zehe hat eine Kralle, der erste Zeh zeigt nach hinten und stabilisiert, die drei weiteren Zehen zeigen nach vorne. Die Beine des Huhns sind über den Beckengürtel mit dem Rumpfskelett verbunden.

Knochen in Leichtbauweise

Auch wenn die meisten Hühner nicht oder nur eingeschränkt flugfähig sind, besitzen sie die für Vögel typischen hohlen Knochen, um Gewicht einzusparen. Nur junge und noch wachsende Hühner besitzen mit Knochenmark ausgefüllte Knochen. Beim erwachsenen Huhn sind ausgenommen von den Beinen und Flügeln alle Knochen hohl.

Die Sinne des Huhns

Die Sinne von Wirbeltieren, zu denen auch Hühner gehören, sind optimal auf den jeweiligen Lebensraum und die Anforderungen abgestimmt. Neben Seh-, Geruchs-, Hör-, Geschmacks- und Tastsinn haben Hühner noch eine „Superkraft“. Sie verfügen über einen Vibrationssinn, mit dem Sie Schwingungen am Boden und aus der Luft wahrnehmen. Dieser Sinn hilft ihnen, Bedrohungen wie zum Beispiel Fressfeinde früh zu erkennen und zu flüchten.

Der Sehsinn

Der Sehsinn der Hühner mit ihren seitliche liegenden Augen ist gut ausgebildet. Sie können zum Teil räumlich sehen. Selbst kleinste Gegenstände wie zum Beispiel Körner oder den leckeren Wurm können sie bis auf eine Entfernung von 5 m scharf sehen, auch das Erkennen von beweglichen Objekten fällt ihnen leicht. Ab einem Abstand von 50 m lässt die Sehkraft deutlich nach. Stillstehende Gegenstände können Sie dann nicht mehr wahrnehmen. Hühner können fast genauso gut Farben sehen wie wir Menschen und diese auch unterscheiden. Wird es dunkel, lässt die Sehkraft deutlich nach, deshalb lassen sich scheue Tiere im Dunkeln auch viel leichter einfangen.

Der Hörsinn

Hühner haben keine sichtbaren äußeren Ohrmuscheln, können aber trotzdem ziemlich gut und differenziert Geräusche erkennen. Bis zu einer Entfernung von 50 Metern hören Sie die Laute von anderen Hühnern, kräht ein Hahn, ist das für die Tiere auch noch bis in zwei Kilometer Entfernung deutlich zu hören. Das Küken hört bereits im Ei die Laute seiner Mutter.

Der Geruchssinn

Erst vor einigen Jahren haben Forscher am Max-Planck-Institut für Ornithologie herausgefunden, dass Hühner einen ausgezeichneten Geruchssinn besitzen, nicht ganz so gut wie der Mensch, jedoch gut genug, um Gerüche wahrzunehmen und seine Umwelt damit zu erkunden.

Der Geschmackssinn

Der Geschmackssinn von Hühnern ist dagegen weniger bemerkenswert. Sie wählen Ihr Futter vorwiegend nach optischen und geruchlichen Merkmalen aus. Deshalb kommt es hin und wieder vor, dass die Tiere versehentlich auch unfressbare oder sogar gefährliche Substanzen wie zum Beispiel Styroporkügelchen aufpicken. Immerhin können die Tiere aber die Grundrichtungen süß, salzig, bitter und sauer unterscheiden.

Der Tastsinn

Das Tasten übernimmt bei Hühnern der Schnabel. Mit dem dort platzierten Sinn nehmen Sie Härte, Beschaffenheit und Größe des Futters auf. Dazu ist der Schnabel mit einem dichten Nervengeflecht durchzogen, was auch dazu führt, dass Verletzungen am Schnabel zu großen Schmerzen führen können.

Die Organe

Neben den klassischen Organen wie Herz, Lunge, Leber, Niere, Milz und Darm besitzen Vögel – und so auch die Hühner – einige besondere Organe.

Der Kropf

Dabei handelt es sich um eine Art Sack an der Speiseröhre kurz über dem Brustbein. Im Kropf sammeln die Tiere Nahrung und lassen sie dort für eine leichtere Verdauung vorquellen. Verdaut wird im Kropf nicht, er dient lediglich als Speicher.

Der Magen

Der Hühnermagen besteht aus dem Drüsenmagen, in dem die Nahrung vorverdaut wird und dem Muskelmagen, in dem die Nahrung zerkleinert wird. Dieser Magen ersetzt sozusagen die Funktion des Kauens – denn Hühner haben keine Zähne. Um den mechanischen Vorgang im Muskelmagen zu unterstützen, fressen Hühner häufig auch kleine Steine, die auch als Grit bezeichnet werden.

Lunge Plus – die Luftsäcke

Neben der eigentlichen Lunge besitzen Hühner Luftsäcke, die ähnlich wie Blasebälge funktionieren und die Luft durch die Lunge führen. Außerdem sind diese Säcke für die Stimmbildung und die Regulierung der Körpertemperatur zuständig.

Die Kloake

Die Kloake übernimmt gleich drei Aufgaben: Sie dient zur Ausscheidung von Kot, ist Geschlechtsorgan und der Weg nach draußen für das Ei. Die Kloake sitzt am Ende des Enddarms und des Eihalters, in dem das Ei vor dem Legen heranwächst.

Kopfanhängsel Kamm und Kehllappen

Ganz charakteristisch für die Optik von Hühnern ist der Kamm, ein meist gezackter Hautlappen, der je nach Rasse und Geschlecht unterschiedlich stark ausgeprägt ist. Ein weiterer Lappen aus dem gleichen Gewebe sitzt im Bereich der Kehle. Kamm und Kehllappen dienen nicht nur der Zierde, sondern sorgen auch für die Regulierung der Körpertemperatur, denn Hühner besitzen keine Schweißdrüsen. Wird es sehr warm, werden die Hautlappen stärker durchblutet und darüber wird Körperwärme an die Luft abgegeben. Ist es sehr kalt, kann es an diesen Hautpartien zu Erfrierungen kommen. Schutz bietet eine Schicht Vaseline, die Sie bei den Tieren regelmäßig auftragen müssen.

Die Hausapotheke für Hühner

Sehen Sie, dass es einem oder mehreren Hühnern nicht gut geht, muss nicht immer gleich der Tierarzt geholt werden. Viele Probleme wie leichte Verletzungen, einen leichten Schnupfen oder Durchfall können Sie mit den richtigen Mitteln auch selbst behandeln. Das erspart den Hühnern Stress und Ihnen selbst die Tierarztkosten. Mit einer gut ausgestatteten Hausapotheke sind Sie bestens gerüstet. Folgende Mittel und Medikamente sollten Sie als Hühnerhalter immer in ausreichender Menge im Haus haben:

Verbandskasten für Hühner

- Einweghandschuhe in der richtigen Größe
- Schere
- Verbandsmaterial
- Einwegspritze ohne Nadel
- selbsthaftender Pflasterverband
- Klebeband
- Gazetupfer
- Handtuch
- Traubenzucker
- Fieberthermometer
- Wattestäbchen
- Lupe

Zur Wundversorgung benötigen Sie:

- Desinfektionsmittel ohne Alkohol als Flüssigkeit oder Gel
- Wundsalbe
- Zinkspray
- Blaue Lebensmittelfarbe zum Verhindern von Federpicken

Medikamente bei leichten Erkrankungen

Durchfall:

- Kohletabletten
- Heilerde
- Oregano Öl

Atemwegserkrankungen:

- Zimt (wird über das Futter gestreut)
- Mentholbonbons (werden in heißem Kamillentee aufgelöst, nach dem Abkühlen wird das Gemisch als Getränk gereicht)
- Ätherische Ölmischungen für Babys oder speziell für Hühner (gibt es in der Apotheke)

Weitere Mittel:

- säurefreie Vaseline oder Kokosnussöl zur Verhinderung von Frostschäden an Kamm und Hautlappen
- Olivenöl zur Behandlung von Kropfverstopfungen
- Ballistol gegen Kalkbeinmilben
- Gleitmittel bei Legenot

Die homöopathische Hühnerapotheke

Nachweislich können in vielen Fällen auch homöopathische Mittel bei Hühnern eine positive Wirkung erzielen. Dies gilt für Akutfälle ebenso wie für chronische Krankheiten. So kann bei Bienen- oder Wespenstichen Apis Mellifica eingesetzt werden; Verletzungen und die damit verbundenen Schmerzen lassen sich mit Arnika schnell und deutlich lindern. Die Wirksamkeit homöopathischer Mittel zeigt sich schnell: Innerhalb von 20 bis 30 Minuten sollte sich der Zustand des Tieres in akuten Fällen deutlich verbessern. Interessieren Sie sich für die Behandlung mit Homöopathie, sollten Sie sich entsprechende Literatur zulegen und sich gründlich über die Homöopathie selbst sowie das passende Mittel informieren. Homöopathische Haustierapotheken mit den nützlichsten Mitteln sind in der Apotheke oder im Internet erhältlich.

Alle Mittel und Instrumente sollten gut greifbar und geordnet in einer gesonderten Box aufbewahrt werden, um im Notfall ein schnelles Eingreifen zu ermöglichen. Hat Ihre Eigenbehandlung nach kurzer Zeit keinen sichtbaren Erfolg oder handelt es sich um schwere Verletzungen oder Erkrankungen, sollten Sie nicht zögern, sondern den Tierarzt rufen bzw. das Huhn einpacken und mit ihm hinfahren.

Für die Hühner ist es immer besser, wenn der Tierarzt nach Hause kommt, das erspart ihnen unnötigen Stress. Viele Tierärzte erklären sich auch gegen einen Aufpreis zu Hausbesuchen bereit, vor allem, wenn es sich um einen Notfall handelt.

Der regelmäßige Gesundheitscheck

Ob es Ihren Hühnern so richtig gut geht, sollten Sie täglich überprüfen. Beim Füttern, der morgendlichen Öffnung des Hühnerstalls oder beim Einsammeln der Eier haben Sie dazu ausreichend Gelegenheit. Ein regelmäßiger Gesundheitscheck anhand folgender Punkte hilft Ihnen dabei, Erkrankungen früh zu erkennen und rechtzeitig einzugreifen. So können Sie Verluste einzelner Hühner oder sogar Ihres kompletten Bestandes verhindern.

1. Sichtprüfung von der Ferne aus

Gesunde Hühner sind eigentlich den ganzen Tag in Bewegung. Deshalb kann es aufschlussreich sein, die Hühnerhorde mit etwas Abstand im Freilauf zu betrachten. Wirken die Tiere munter und agil, picken nach Futter und scharren im Sand, weist dies auf einen gesunden Bestand hin. In der Gruppe ist auch leicht zu erkennen, ob einzelne Hühner auffallen, zum Beispiel weil sie apathisch im Sand liegen oder sich nur langsam und wenig bewegen.

2. Verhaltensauffälligkeiten

So individuell Hühner auch sind, weisen Sie doch klassische Verhaltensweisen auf. Sie bewegen sich durch den Freilauf, picken und scharren, ziehen sich bei großer Hitze in den Schatten zurück und stolzieren über den Platz. Fällt Ihnen auf, dass eines oder mehrere Hühner sich plötzlich ungewöhnlich verhalten, kann das ein Hinweis auf eine Erkrankung sein. Aufmerksam werden sollten Sie, wenn Ihnen eine der folgenden Verhaltensweisen auffällt:

- Das Tier zieht sich zurück und versteckt sich über mehrere Stunden.
- Ein oder mehrere Hühner haben plötzlich keine Lust mehr, sich wie üblich zu bewegen, und liegen vorwiegend herum.
- Sie bemerken eine gekrümmte Körperhaltung.
- Ihre Hühner legen deutlich weniger Eier.
- Die Tiere wirken apathisch.
- Sie bemerken Tiere mit zusammengekniffenen Augen mit schleimigem Ausfluss.

3. Futter- und Wasserverbrauch

Fressen Ihre Hühner plötzlich sichtbar weniger oder bleibt der Wassertrog voll, stimmt etwas nicht. Vor allem im Sommer fällt dies meist nicht sofort auf, da die Tiere einen Großteil Ihres Futters selbst im Freilauf suchen. Kommt Ihnen der Futter- und Wasserverbrauch zu gering vor und beobachten Sie zusätzlich noch andere Symptome wie Verhaltens- und Bewegungsauffälligkeiten, ist die Wahrscheinlichkeit hoch, dass Ihre Hühner an einer ansteckenden Krankheit leiden.

4. Verletzungen

Lahmt ein Huhn offensichtlich, entdecken Sie Blutungen, Hautwunden oder Juckreiz, ist eine gründliche Untersuchung des Tiers angebracht. Einfache Verletzungen können Sie selbst behandeln, bei tieferen oder großflächigen Wunden, sollten Sie das Tier zum Tierarzt bringen.

5. Auffälligkeiten am Kamm

Bei einem gesunden Huhn ist der Kamm prall und leuchtend. Ein blasser Kamm, Pocken und Pusteln oder schwarze Verfärbungen an den Spitzen deuten auf eine Störung hin. Hier sollten Sie nicht lange warten und den Tierarzt aufsuchen, vor allem auch dann, wenn Ihnen die Verfärbungen an mehreren Tieren auffallen.

6. Kropf

Im Kropf wird Nahrung sozusagen „zwischengespeichert". Ist der Kropf bei einem oder allen Tieren komplett leer oder ist er hart und prall gefüllt, besteht ebenfalls Handlungsbedarf. Parasiten, falsches Futter oder das Aufnehmen von Styropor oder anderen unfressbaren Stoffen können dazu führen, dass der Kropf verstopft und das Tier verhungert. Ein über längere Zeit leerer Kropf weist darauf hin, dass das Tier nichts frisst. Dies ist ebenfalls ein Hinweis auf eine Erkrankung oder zumindest eine Störung.

7. Kot

Auffälligkeiten im Kot können Durchfall, blutiger, schaumiger oder schleimiger Kot sowie eine Gelbverfärbung sein. Auch wenn ein Huhn überhaupt nicht mehr kotet, ist dies ein Alarmsignal. Es könnte sich dabei um eine Kropfverstopfung handeln.

8. Atemwege und Augen

Schnupfen, Nasen- oder Augenausfluss müssen schnell behandelt werden und können auf eine Infektionskrankheit hinweisen. Die Auslöser können vielfältig sein. So kann es sich tatsächlich nur um eine harmlose Erkältung handeln, aber auch um eine gefährliche ansteckende Krankheit wie die meldepflichtige Newcastle-Krankheit.

9. Gefieder

Ein krankes Huhn erkennen Sie häufig an einem struppigen und glanzlosen Gefieder. Juckreiz und kahle Stellen sowie Federpicken sind ebenfalls behandlungsbedürftig.

10. Schnabel

Auffälligkeiten am Schnabel sind Risse oder Spalten. Diese sind nicht nur Hinweis auf eine Störung oder Erkrankung, sondern bereiten dem Tier auch Schmerzen, da der Schnabel von einem dichten Nervengeflecht durchzogen und entsprechend empfindlich ist.

Die 10 genannten Punkte stellen eine allgemeine Untersuchung dar, die Sie regelmäßig durchführen sollten. Als Bonus lernen Sie dabei Ihre Hühner noch besser kennen und können nach und nach jedes einzelne Huhn mit seinen individuellen Eigenschaften lieben und schätzen lernen.

Mit der Routine schärft sich der Blick und Sie werden immer schneller erkennen, ob mit Ihren Hühnern alles stimmt. Zeigen Sich Auffälligkeiten, müssen Sie entscheiden, ob Sie diese selbst diagnostizieren und behandeln können oder ob der Tierarzt angeraten ist. Im Zweifelsfall sollten Sie lieber einmal mehr den

Arzt fragen, als zu spät zu handeln. Im folgenden Kapitel finden Sie die häufigsten Hühnerkrankheiten inklusive ihrer charakteristischen Symptome.

Die häufigsten Hühnerkrankheiten

Durchfall

Durchfall ist im eigentlichen Sinne keine Erkrankung, sondern ein Symptom, das verschiedene Ursachen haben kann. Der Hühnerkot ist stark wässrig, gelblich-schaumig, und die Hühner koten deutlich häufiger als üblich.

- **Ursachen und Diagnose**

Die Hauptursachen für Durchfall bei Hühnern sind Parasiten wie Kokzidien und Fütterungsfehler. Seltener zeigt sich das Symptom als Folge anderer Erkrankungen wie der Newcastle-Krankheit oder Tuberkulose. Fressen die Hühner sehr viel Frischfutter, insbesondere Kohl, Zucchini oder Äpfel, ist Durchfall eine häufige Begleiterscheinung. Dies tritt vor allem dann auf, wenn üblicherweise mehr Trockenfutter auf dem Speiseplan steht und das Futter plötzlich umgestellt wird. Ein weiterer Auslöser in Zusammenhang mit der Fütterung ist ein starker Vitamin B Mangel.

- **Behandlung**

Welche Behandlung bei Durchfall angebracht ist, hängt von der Ursache ab, deshalb ist die Suche danach der erste Schritt. Finden Sie selbst keine einfache Ursache wie zum Beispiel falsches Futter oder gibt es noch weitere Symptome, sollten Sie den Tierarzt konsultieren. Wichtig ist es gerade bei Durchfall, auch die anderen Tiere zu untersuchen. Handelt es sich um eine ansteckende Erkrankung, sind bald alle Tiere betroffen. Bei einfachen Durchfällen schafft die Gabe von Kohletabletten schnell Abhilfe, auch Apfel- oder Möhrenquark können den Durchfall beseitigen.

Wird der Durchfall durch Parasiten oder eine ansteckende Hühnerkrankheit ausgelöst, müssen Sie den Stall komplett reinigen und desinfizieren, um eine weitere Ausbreitung zu vermeiden.

- **Vorbeugung**

Damit es gar nicht erst soweit kommt, sollten Sie auf eine artgerechte und ausgewogene Ernährung achten, die Tiere regelmäßig entwurmen und gegen die wichtigsten Hühnerkrankheiten impfen lassen. Insgesamt sollten Sie sich noch einmal genau die Haltungsbedingungen der Tiere anschauen und eventuell deren Lebensqualität verbessern, zum Beispiel durch:

- Eine ausgewogene Ernährung mit vitamin- und mineralstoffreichem Futter
- Weniger Stressfaktoren für die Tiere
- Hygienische Bedingungen im Stall und im Auslauf

Hühnergrippe

Die Hühnergrippe, auch als Vogelgrippe oder Geflügelpest bekannt, ist eine Viruserkrankung, die je nach Virentyp mild verläuft oder zum Tod der Tiere führt. Problematisch ist die schnelle Ausbreitung. Auch der Mensch kann an der Hühnergrippe erkranken oder sie übertragen und in den eigenen Bestand einschleppen.

- **Ursachen und Diagnose**

Schlappheit und Appetitlosigkeit sind die ersten Anzeichen der Hühnergrippe, ebenso verringert sich die Legeleistung, oder die Hennen legen deformierte Eier. Weitere Symptome ähneln anderen Krankheiten: Die Tiere atmen schwer, es kommt zu Ausfluss aus der Nase und den Augen, Durchfall und Fieber, stumpfes, glanzloses Gefieder oder Wassereinlagerungen. Zum Teil haben die kranken Hühner blau verfärbte Kämme und Kehllappen. In sehr schweren Fällen können die Tiere innerhalb weniger Minuten sterben.

- **Behandlung**

Eine Behandlung für die Hühnergrippe gibt es nicht. Sind Ihre Hühner infiziert, müssen leider alle Tiere in Ihrem Stall getötet werden. Bei Fällen von Hühnergrippe müssen Sie diese außerdem dem Veterinäramt melden. Anschließend wird der Stall gereinigt und gründlich desinfiziert, erst dann können neue Hühner einziehen.

- **Vorbeugung**

Die Hühnergrippe wird vorwiegend durch Wildvögel übertragen. Deshalb sollten Sie darauf achten, dass Ihre Hühner möglichst keinen Kontakt zu Wildtieren haben, zum Beispiel durch Außenfütterung. Außerdem müssen Sie auf dem aktuellen Stand darüber sein, ob es in Ihrer Gegend Ausbrüche gibt, und eine eventuell angeordnete Stallpflicht beachten. Ebenso sinnvoll und wichtig ist eine gute Stallhygiene. Hatten Sie möglicherweise Kontakt zu anderen Hühnerbeständen oder Wildvögeln, sollten Sie Ihre Kleidung wechseln (auch die Schuhe), bevor Sie Ihre eigenen Hühner besuchen.

Kalkbeine

Die sogenannten Kalkbeine beim Huhn werden durch die Kalkbeinmilbe oder Krätzmilbe ausgelöst. Die Insekten legen ihre Eier in der oberen Hautschicht der Hühnerfüße ab und verursachen starke Beschwerden.

- **Ursachen und Diagnose**

Entdecken Sie an den Füßen Ihrer Tiere einen weißen, borkigen Belag, der an Kalkablagerungen erinnert, haben Sie es mit der Krätzmilbe zu tun. Vom kalkartigen Aussehen stammt auch der Begriff "Kalkbeine". Die Tiere leiden unter ständigem Juckreiz, der Allgemeinzustand verschlechtert sich zusehends, die Tiere wirken geschwächt und bewegen sich wenig. Langfristig kann es zu Organveränderungen kommen. Auf der entzündeten Haut können sich weitere Keime ansiedeln, die zu Folgeerkrankungen führen.

- **Behandlung**

Bei Kalkbeinen ist schnelles Handeln angesagt. Reinigen Sie den Stall gründlich und behandeln Sie die Hühnerbeine über einen Zeitraum von zwei bis vier Wochen mit Kriechöl (Ballistol), Sulfonamiden oder Sulfonamid-Lebertransalbe. Vor dem Auftragen der Salbe müssen die Beine mit Kernseifenlauge eingeweicht und die borkigen Beläge entfernt werden, dadurch lösen Sie bereits einen Teil der Milben ab und die Haut kann wieder atmen. Durch die Fette in den Salben ersticken die Milben und sterben so nach und nach ab.

- **Vorbeugung**

Das beste Mittel gegen Kalkbeine ist Hygiene, allerdings lässt sich die Gefahr eines Befalls vor allem bei Hühnern mit Freilauf nicht komplett ausschließen. Damit der Stall selbst für die

Milben möglichst ungemütlich wird, können die Sitzstangen regelmäßig mit Öl, Petroleum oder Diesel eingestrichen werden. Allerdings wird dann auch der Stall für zwei bis drei Tage unbewohnbar, denn die Behandlungen mit Petroleum oder Diesel stinken auch den Hühnern. Ebenfalls vorbeugend wirkt es, wenn die Stallritzen mit Milbenpräparaten auf Geraniolbasis versehen oder mit Kieselgur eingestäubt werden.

Kokzidiose

Kokzidien sind Einzeller, die den Darm der Hühner besiedeln und vor allem Küken stark belasten. Der Verlauf variiert von mildem Durchfall bis hin zu schweren Verläufen, die das Tier nicht überlebt. Und das ist auch das Gefährliche an dieser Erkrankung. So kann ein einziges Huhn, das die Infektion gut wegsteckt, einen ganzen Bestand anstecken, der dann vielleicht weitaus stärker reagiert und schwer erkrankt oder sogar stirbt.

- **Ursachen und Diagnose**

Das erste Anzeichen dieser Erkrankung ist blutig-schleimiger oder auch wässriger Durchfall. Die Art des Durchfalls weist auch auf die Schwere der Erkrankung hin, bei der wässrigen Variante nimmt die Kokzidiose meist einen milden Verlauf. Weitere Symptome sind Wachstumshemmungen, Nachlassen der Legefreude und eine allgemeine Schwächung der Tiere. Ist die Krankheit fortgeschritten, stehen betroffene Tiere aufrecht in der "Pinguinstellung" oder einbeinig da. Dann ist es jedoch meist bereits zu spät, und die Schäden sind für eine Heilung zu groß.

- **Behandlung**

Haben Sie den Verdacht, dass Ihre Hühner an Kokzidiose erkrankt sind, kann als erste Soforthilfe dem Futter oder Trinkwasser eine 10 bis 12%-ige Oreganolösung beigemischt werden. Diese ist fertig gemischt erhältlich und sollte in der Hühnerapotheke nicht fehlen. Ebenfalls als Erstmaßnahme können Sie dem Futter mikrobiell aktiven Joghurt beimischen. Bei geringem oder mäßigem Befall kann dies die Erkrankung bereits lindern und heilen, dennoch sollten Sie auf jeden Fall eine Kotprobe nehmen und diese Testen lassen sowie Ihre Hühner genau beobachten.

Verschlimmern sich die Symptome, sollten Sie den Tierarzt konsultieren. Im frühen Stadium können die Kokzidien mit sogenannten Antikokzidia behandelt werden.

- **Vorbeugung**

Eine gute Vorbeugung gegen die Erkrankung ist ein großer Freilauf, der die Übertragungsgefahr deutlich reduziert. Wollen Sie sichergehen, dass die Erkrankung bei Ihren Tieren nicht auftritt, können Sie Ihre Küken durch eine Impfung schützen, die am ersten Lebenstag erfolgen muss. In diesem Fall müssen Sie allerdings konsequent weiterimpfen, da die Gefahr besteht, dass die Tiere keine natürliche Immunität entwickeln, wie es sonst häufig der Fall ist. Eine weitere vorbeugende Maßnahme ist eine Fütterung der Küken mit sogenannten Kükenstartermischungen, denen Kokzidiostatika beigemischt sind. Diese Zusatzstoffe reduzieren die Infektionsgefahr. Wichtig in diesem Fall: Geimpfte Tiere dürfen diese Futtermischungen nicht erhalten – und umgekehrt.

Kropfverstopfung

Eine Kropfverstopfung wird durch falsches, zu viel oder zu großes Futter ausgelöst. Auch die Mareksche Lähme kann zu einem verstopften Kropf führen. Kann das im Kropf gesammelte Futter nicht weiter gelangen, wird er immer praller und das Tier kann im schlimmsten Fall verhungern.

- **Ursachen und Diagnose**

Bemerken Sie, dass der Kropf eines Tieres unverhältnismäßig prall ist und kommen Gleichgewichtsstörungen beim Tier hinzu, handelt es sich um eine Kropfverstopfung. Weitere Symptome können besonders gieriges Fressen bei gleichzeitigem Gewichtsverlust, Kraftlosigkeit, schweres Atmen oder ein säuerlicher oder fauliger Mundgeruch sein. Auch dann, wenn das Huhn nicht mehr kotet, kann es sich um eine Kropfverstopfung handeln. Man unterscheidet die harte und weiche Verstopfung, die jeweils unterschiedlich behandelt werden.

- **Behandlung**

Ist der Kropf des Tieres prall, aber dennoch weich, können Sie die Verstopfung in vielen Fällen selbst beheben, indem Sie das Tier vorsichtig auf den Rücken legen. Kopf und Hals sinken dann meist automatisch nach unten. Massieren Sie nun den Kropf vorsichtig und befördern Sie den Inhalt so in Richtung Schnabel, bis er nach außen gelangt. Beim harten Kropf können Sie den Kropf mit lauwarmem Wasser und viel Öl massieren und so versuchen, die Verstopfung zu lösen. Es kann sein, dass Sie dies mehrmals wiederholen müssen.

Zeigt Ihre Behandlung nicht nach kurzer Zeit Erfolge, muss das Tier zum Tierarzt. Dieser entleert den Kropf durch einen Schnitt oder ergreift andere wirkungsvollere Maßnahmen.

- **Vorbeugung**

Vermeiden Sie im Umfeld alles, was bei den Hühnern zu einem verstopften Kropf führen kann. Gefährlich kann eine Einstreu aus Stroh sein, ebenso sollten Sie darauf achten, dass die Tiere nicht zu großes Futter fressen und dass sich in Stall und Freilauf keine unfressbaren und unverdaulichen Bestandteile wie Styroporkügelchen oder Scherben aus Keramik, Glas oder Plastik befinden. So klug Hühner sind, können sie nicht immer genau unterscheiden, was Futter ist und was ihnen schadet.

Infektiöse Bronchitis

Verursacht durch das Coronavirus ist die Infektiöse Bronchitis beim Huhn leider nicht heilbar, lediglich die Symptome können gelindert werden. Die Erkrankung ist hochansteckend, allerdings gibt es eine Impfung, die vor allem in Gegenden mit großen Hühnerbeständen zu empfehlen ist.

- **Ursachen und Diagnose**

Die klassischen Symptome der IB sind Atemnot mit Husten, Keuchen, Röcheln und Nasenausfluss. Das Gefieder wird matt und struppig, teilweise kommt es zu Lähmungserscheinungen mit hängenden Flügeln und Schieflage des Kopfes. Die Eier sind dünnschalig, gerillt und teilweise deformiert. Auch eine grünliche Färbung des Kots weist auf diese Erkrankung hin.

• Behandlung

Behandelt werden können bei der Infektiösen Bronchitis lediglich die Symptome. Lindernd wirken Wärme, zusätzliche Vitamingaben oder Inhalate auf Fichtenharzbasis. Die IB tritt häufig mit den weiteren Infektionskrankheiten Mykoplasmose und Kokzidose auf, deshalb sind Antibiotikagaben sinnvoll.

Bei Verdacht auf eine Infektiöse Bronchitis im Bestand sollte auf jeden Fall der Tierarzt gerufen werden.

• Vorbeugung

Um der IB vorzubeugen, können die Tiere regelmäßig mit einer Schluck- oder Sprayimpfung immunisiert werden. Beim Ankauf neuer Hühner sollte vorsichtshalber eine Quarantänezeit eingehalten werden, um die Erkrankung nicht in den Bestand einzuschleusen.

Legenot

Legenot entsteht, wenn das Huhn ein Ei produziert hat, dieses aber nicht legen kann. Das ist nicht nur schmerzhaft für das Tier, sondern lebensgefährlich.

• Ursachen und Diagnose

Die Ursachen für Legenot sind häufig Mangelerscheinungen an Vitamin E und Selen oder Eileiterinfektionen oder Verletzungen am Legedarm. Auch durch Stress, bei unerfahrenen Hennen oder bei „Dauerlegern“ kann diese Erkrankung auftreten. Sie erkennen Legenot daran, dass das Tier immer wieder erfolglos versucht, ein Ei herauszupressen. Die Henne besucht das Legenest, Eier finden Sie darin jedoch nicht. Ein harter Bauch, die Verweigerung von Wasser und Nahrung, ein geschwollener Bauch und eine an einen Pinguin erinnernde Körperhaltung weisen ebenfalls auf ein feststeckendes Ei hin.

- **Behandlung**

Jetzt ist schnelles Handeln gefragt. Sie selbst können das Tier in eine stressfreie Umgebung bringen und versuchen, es durch Wärme (Setzen Sie das Tier unter eine Wärmelampe) und eine hohe Luftfeuchtigkeit zu entspannen. Auch die Gabe von Kalzium kann hilfreich sein. In einfachen Fällen und bei zutraulichen Hühnern kann auch eine sanfte Bauchmassage unterstützend wirken.

Legt Ihre Henne trotz Ihrer Bemühungen nicht nach kurzer Zeit ihr Ei, sollten Sie schnellstens mit ihr zum Tierarzt.

- **Vorbeugung**

Damit Ihre Henne erst gar nicht in diese schmerzhafte Lage kommt, sollten Sie für eine stressfreie Umgebung, artgerechte Haltung und eine ausgewogene Ernährung sorgen. Legehennen sollten spezielles Legefutter mit allen wichtigen Nähr- und Inhaltsstoffen erhalten. Die beste Vorsorge gegen Legenot ist es, wenn Sie dafür sorgen, dass Ihre Hennen gesund, glücklich und stressfrei leben können.

Marekschse Lähme

Diese Hühnerkrankheit heißt auch Mareksche Krankheit oder Geflügelherpes und wird durch das Epstein-Barr-Virus verursacht. Betroffen sind vorwiegend Küken und Jungvögel. Der Virus kann zu Lähmungen des Ischiasnervs, Tumoren und leider sogar zum Tod führen.

Diese Krankheit fällt nach dem Seuchenschutzgesetz unter die Meldepflicht.

- **Ursachen und Diagnose**

Die Krankheit zeigt sich in den ersten drei Lebenswochen beim Küken oder in den ersten 6 bis 7 Lebensmonaten mit massiven Symptomen. Häufig sind eine Lähmung der Beine oder deutlich sichtbare Tumore. Bei erwachsenen Tieren kommt es zu Erblindung und Hautveränderungen wie knotige Stellen und Verdickungen.

- **Behandlung**

Eine Behandlung gegen die Mareksche Lähme gibt es nicht, deshalb ist die Prävention umso wichtiger.

- **Vorbeugung**

Eine Impfung der Küken am ersten Lebenstag ist besonders dann wichtig, wenn Sie viele Hühner halten, ansonsten wirkt eine gute Stallhygiene vorbeugend gegen die Erkrankung. Sind Ihre Hühner erst einmal infiziert, können Sie leider nur eines tun: Den Stall stilllegen und das für mehrere Jahre, bis die Erreger zuverlässig alle abgestorben sind.

Mykoplasmose

Die Mykoplasmose ist eine Infektion, die durch Bakterien verursacht wird. Während ein gesundes Huhn mit diesen Erregern keine Probleme hat, kann es bei Tieren mit ohnehin geschwächtem Immunsystem zu verschiedenen Symptomen kommen. Das Fehlen von Symptomen macht es den Bakterien leicht, sich auszubreiten. Die gute Nachricht: Durch die meist großzügigen und artgerechten Haltungsbedingungen ist diese Erkrankung in der privaten Hühnerhaltung meist nur ein geringes oder gar kein Thema.

- **Ursachen und Diagnose**

Zu erkennen ist die Krankheit an verschiedenen Symptomen wie schlechte Legeleistung, Entzündungen am Legedarm, in den Luftsäcken oder in den oberen Atemwegen. Auch Schwellungen der Nasennebenhöhlen und Nasenausfluss können auf Mykoplasmose hinweisen. Hinzu kommt eine erhöhte Sterblichkeitsrate. Je nach Erreger kann es auch zu einem verschlechterten Allgemeinbefinden oder Gelenkentzündungen kommen.

- **Behandlung**

Ist die Mykoplasmose bei Ihren Hühnern diagnostiziert, werden die Tiere mit Antibiotika behandelt.

- **Vorbeugung**

Eine artgerechte Haltung, gute Stallhygiene sowie ein Bluttest und Quarantäne für neu angeschaffte Hühner sind die beste Vorbeugung gegen Mykoplasmose.

Newcastle-Krankheit

Die Newcastle-Krankheit wird durch einen Virus ausgelöst und ähnelt der Geflügelpest. Sie wird von Tier zu Tier, über die Luft und über den Kot übertragen. Ist die Krankheit im Bestand ausgebrochen und diagnostiziert, besteht nach dem Seuchenschutzgesetz eine Meldepflicht beim Veterinäramt.

- **Ursachen und Diagnose**

Ihre Hühner legen deutlich weniger Eier und es tauchen verstärkt sehr dünnwandige und sogar schalenlose Eier auf. Apathie, Appetitlosigkeit, hohes Fieber und Atemnot sowie wässrig-gelber Durchfall sind weitere Symptome.

- **Behandlung**

Behandelt werden kann die Newcastle-Krankheit nicht, bricht sie aus, müssen leider alle Hühner in Ihrem Stall getötet werden, auch die Tiere, die keine Symptome zeigen.

- **Vorbeugung**

Die einfachste Art der Vorbeugung besteht in einer regelmäßigen vierteljährlichen Schluckimpfung durch den Tierarzt. Um eine Übertragung durch Wildvögel zu vermeiden, sollten diese im Umfeld des Stalls nicht angefüttert werden. Weiterhin sollten Sie Ihre Hühner nicht im Freien füttern, damit keine Wildtiere angelockt werden.

Salmonellen

Salmonellen sind Einzeller, die nicht nur Ihren Hühnern schaden. Die widerstandsfähigen Organismen können auch ins Ei gelangen und dann beim Menschen verschiedene schwere Beschwerden im Magen-Darm-Bereich verursachen. Werden die Eier gekocht, zerstört dies die Salmonellen.

- **Ursachen und Diagnose**

Sind Küken von Salmonellen befallen, zeigt sich das durch schweren Durchfall, Flüssigkeitsverlust und Fieber. Häufig ist das Gefieder der Tiere gesträubt. Bei ausgewachsenen Hühnern weisen blasse Kämme und Kehllappen, erhöhter Wasserbedarf, Gewichtsverlust und Schwäche auf eine Salmonellenerkrankung hin. Auch die Legelust nimmt ab.

- **Behandlung**

Die Behandlung muss durch den Tierarzt erfolgen. Um den Durchfall zu mindern, können Sie den Tieren medizinische Kohle füttern. Außerdem muss der Stall gründlich – am besten mit einer konzentrierten Essiglösung – gereinigt werden.

- **Vorbeugung**

Anders als für gewerbliche Hühnerzüchter müssen Hobbyhalter ihre Tiere nicht gegen Salmonellen impfen. Wenn Sie eine gute Stallhygiene beachten und Ihre Hühner nicht im Freien füttern, um keine Wildvögel anzulocken, ist das Risiko einer Erkrankung vernachlässigbar. Ebenfalls sollten Sie andere Überträger wie Ratten, Mäuse oder Siebenschläfer vom Stall fernhalten. Das gilt übrigens auch für die Futtervorräte! Bewahren Sie das Hühnerfutter so auf, dass es für Nagetiere unerreichbar ist.

Schnupfen

Auf Schnupfen reagieren Ihre Hühner ähnlich wie wir Menschen mit Schlappheit, Atemproblemen und Fieber. Die infektiöse Krankheit kann entweder akut auftreten oder chronisch werden. Auslöser für die laufende Hühnernase können andere Erkrankungen wie die Newcastle-Krankheit sein, aber auch Viren sowie Wurmbefall. Der harmlose Schnupfen tritt häufig bei Wetterwechseln auf und klingt nach einigen Tagen von selbst ab.

- **Ursachen und Diagnose**

Schnupfen bei Ihren Hühnern erkennen Sie ganz leicht an der laufenden oder auch der verstopften Nase sowie Atemproblemen. Weiterhin können die Augen tränen und die Hühner niesen. Klingen die Symptome nicht nach einigen Tagen von selbst wieder ab, sollten Sie den Tierarzt konsultieren, um die Ursache herauszufinden und ernsthafte Erkrankungen auszuschließen.

- **Behandlung**

Zeigt ein Huhn Symptome, sollten Sie es sofort von den anderen Tieren trennen, um eine Ansteckung möglicherweise noch zu verhindern. Anschließend muss der Stall gereinigt und desinfiziert werden. Eine Behandlung sollte immer aufgrund der Ursachen und Diagnose vom Tierarzt erfolgen. Dieser verschreibt je nach Ursachen und Diagnose Antibiotika oder andere wirksame Medikamente. Handelt es sich wirklich nur um einen harmlosen Schnupfen, verschafft dem Tier eine Wärmelampe Erleichterung und unterstützt die Heilung. Ebenso können Sie in diesem Fall Hausmittel wie Kamille-Dampfbäder oder Vitamin-C- und Mineralstoffgaben einsetzen.

- **Vorbeugung**

Vorbeugend helfen wie bei allen Infektionskrankheiten auch hier eine gute Stallhygiene und eine Stärkung der Abwehrkräfte durch spezielles Futter und optimale, artgerechte Haltung. Denn: Glückliche Hühner sind gesunde Hühner.

Hühnermilben und ihre Bekämpfung

Hühnermilben sind in jedem Hühnerstall gegenwärtig, einen milbenfreien Stall gibt es nicht. Ziel aller Maßnahmen ist es deshalb, die Anzahl der Parasiten so weit zu reduzieren, dass sie für die Tiere kein Gesundheitsrisiko darstellen.

Die ersten Anzeichen, dass der Bestand befallen ist, ist auch für den Laien eindeutig zu erkennen: Die Tiere kratzen sich, um den dauernden Juckreiz zu lindern, überall im Stall sind die Krabbeltiere zu entdecken. Spätestens dann ist es höchste Zeit, die Milben zu bekämpfen. Dies basiert auf drei Grundpfeilern:

1. Die Reduzierung des Lebensraums
2. Erschwerung der Fortbewegung
3. Töten der Milben

Gründliche Stallreinigung

Am Anfang aller Maßnahmen steht eine gründliche Reinigung des Hühnerstalls, nur dann haben die folgenden Schritte auch eine echte und nachhaltige Wirkung. Dazu muss der Stall leer sein.

Im ersten Schritt wird die vorhandene Einstreu komplett entfernt, auch die Legenester werden komplett geleert, denn dort halten sich die Milben besonders gern auf und können leicht auf die Hühner überspringen.

Anschließend reinigen Sie die Sitzstangen, alle Zwischenböden und den Fußboden mit einem Schaber von Kot.

Bekämpfung der Milben

Ist der Stall komplett gereinigt, beginnt die eigentliche Milbenbekämpfung. Die Tiere bauen in Ritzen und Spalten, Bohrungen und allen anderen Nischen ihre Nester. Diese müssen Sie finden und entfernen. Achten Sie auch darauf, alle Klappen und Abdeckungen zu öffnen, damit Sie auch wirklich alle Nester lokalisieren. Im Handel sind einige wirksame und viele unwirksame chemische Mittel gegen Milben erhältlich. Informieren Sie sich am besten beim Tierarzt, was wirklich hilft. Grundsätzlich gibt es zwei Methoden, die Milbenmittel im Stall zu verteilen. Entweder Sie sprühen mit einer Sprühflasche den kompletten Stall und vor allem die Milbennester ein oder sie bringen das Mittel auf dem Boden auf. Von dort aus bildet es Gase, die für die Milben tödlich sind. Die zweite Methode ist nur sinnvoll, wenn der Stall wirklich gut abgedichtet ist.

Verwenden Sie Atemmasken, Schutzbrille und Schutzkleidung, damit die Chemikalien nicht auf Ihre Haut, in die Augen oder die Atemwege gelangen. Bei der Anwendung von chemischen Substanzen muss der Stall unbedingt für mehrere Stunden auslüften, bevor die Hühner wieder hineindürfen.

Nach der für das jeweilige Mittel vorgeschriebenen Einwirkzeit sollten Sie im Stall einen Hochdruckreiniger mit möglichst hohem Druck einsetzen, um die noch lebenden Milben ebenfalls zu erwischen. Den sauberen und getrockneten Stall können Sie mit Kieselgur ausstreuen, das feine Pulver aus Kieselalgen schlitzt mit seinen messerscharfen Kanten darüber kriechende Milben auf und tötet sie. Da das Pulver sehr fein ist, besteht für Ihre Hühner keine Verletzungsgefahr. Auch hier sollten Sie unbedingt mit einer Atemschutzmaske arbeiten, um zu verhindern, dass Sie das Pulver einatmen. Am wirkungsvollsten lässt sich Kieselgur mit einer Zerstäuberflasche auftragen, so gelangt das Pulver auch wirklich bis in die kleinste Ritze. Kieselgur kann den Milbenbefall noch auf weitere Arten eindämmen:

Sie können Ihre Tiere damit einreiben (Augen und Schnabel auslassen!) und das Pulver in das Sandbad mischen. Ist bereits ein Befall vorhanden, sollten Sie auch die Sandkuhle der Tiere vorher reinigen und desinfizieren sowie frischen Sand – vermischt mit Kieselgur – einfüllen.

Ritzen, Lücken, Spalten schließen

Damit die Milben nicht wiederkommen, ist es wichtig, Ihnen den Lebensraum zu entziehen. Dazu verschließen Sie so viele Ritzen, Lücken und Spalten im Stall wie möglich. Als geeignetstes Mittel hat sich hierfür Silikon erwiesen, dass in jedem Baumarkt erhältlich ist. Die Silikonfugen müssen von Zeit zu Zeit überprüft und erneuert werden, wenn sie porös geworden sind.

Befreien Sie Ihre Hühner

Ist der Stall sauber und von den Milben befreit, kommen die Hühner dran, denn auch auf ihnen haben sich selbstverständlich Milben niedergelassen. Die bereits erwähnte Behandlung mit Kieselgur sowie spezielles Futter, das die Milben durch zugesetzte Kräuter und ätherische Öle vertreibt, die ins Hühnerblut übergehen, sind ausgesprochen wirksam. Ebenfalls abschreckend auf die Milben wirken Essigspülungen.

So beugen Sie vor

Damit die Milben nach dieser umfassenden Beseitigung nicht wiederkommen, ist vor allem eine regelmäßige Stallreinigung und -desinfektion wichtig. Kontrollieren Sie den Stall regelmäßig auf Neubefall, erneuern Sie in kurzen Abschnitten die

Einstreu und streuen Sie Kieselgur. Chemische Mittel sind als Prophylaxe nicht zu empfehlen, da die Chemie auch auf die Hühner wirkt und in die Eier übergeht.

Hühner impfen

Sie sind auch als privater Hühnerhalter gesetzlich verpflichtet, Ihre Hühner regelmäßig gegen die Geflügelpest impfen zu lassen. Weitere Impfungen sind freiwillig, aber durchaus sinnvoll. Sie halten dadurch zum einen Ihre eigenen Hühner gesund, zum anderen vermeiden Sie, dass Wildvögel oder andere Hühnerbestände sich anstecken.

Impfen können Sie selbst

Die gute Nachricht: Sie müssen nicht für jede Impfung den Tierarzt holen oder mit allen Tieren dorthin fahren. Den Impfstoff, den Sie vom Tierarzt erhalten, können Sie Ihren Tieren über das Trinkwasser verabreichen. Bei dieser Impfung sollten Sie folgendes beachten:

- Impfen Sie nur gesunde Hühner, ältere oder schwache Tiere sollten nicht geimpft werden.

- Entziehen Sie den Hühnern für einige Stunden das Trinkwasser. Diese Maßnahme schadet ihnen nicht, sorgt aber dafür, dass Sie dann zuverlässig das Wasser mit dem Impfstoff aufnehmen.

- Geben Sie den Impfstoff nur in sehr saubere und keimfreie Trinkgefäße aus Kunststoff oder Keramik.

- Der Impfstoff selbst muss trocken, kühl und dunkel gelagert werden.

Die erste Impfung gegen die Vogelgrippe erfolgt im Alter von zwei Wochen, Wiederholungsimpfungen sind in der 7. und der 21. Lebenswoche nötig. Anschließend müssen die Tiere alle drei Monate geimpft werden.

Weitere Impfungen

Freiwillig können Sie Ihre Hühner noch gegen häufige Krankheiten wie die Kokzidiose, eine gefährliche Durchfallkrankheit, die Mareksche Lähme, Salmonellen oder die Infektiöse Bronchitis impfen. Auch hier wird der Impfstoff über das Trinkwasser gegeben.

Eine Alternative zur Schluckimpfung ist die Sprayimpfung. Dabei wird der Impfstoff in destilliertes Wasser gegeben, das anschließend mit einem Wassersprüher über den Kopf der Tiere, insbesondere in die Augen und die Nase verteilt wird. Aufwändig und für die Tiere mit Stress verbunden sind Injektionen oder auch Nasen- oder Augentropfenimpfung. Diese Methoden sind deshalb nur in speziellen Einzelfällen auf Anraten des Tierarztes sinnvoll.

Beraten Sie sich mit Ihrem Tierarzt, welche Impfungen und welche Impfmethode er für Ihre Hühnerhorde für sinnvoll hält.

Die Hühnerpflege – Maniküre und mehr

Hühner sind grundsätzlich anspruchslose und robuste Haustiere, die nur wenig Pflege benötigen und glücklich mit Auslauf, einem schönen Hühnerstall, dem richtigen Futter und ihren Artgenossen sind. Dennoch haben Sie einige Ansprüche und Bedürfnisse an die regelmäßige Pflege, damit sie gesund und zufrieden bleiben. Grundsätzlich handelt es sich dabei um drei Aufgaben:

- Flügel stutzen
- Krallen und Schnabel stutzen
- Baden

Das Stutzen der Flügelfedern

Diese Maßnahme ist im eigentlichen Sinne keine Pflegemaßnahme, aber dennoch nötig, damit Ihre Hühner sich nicht allzu selbständig machen. Erforderlich ist das Stutzen der Flügelfedern vor allem bei flugfähigen Hühnerrassen wie dem Bankviahuhn und anderen leichten Hühnerrassen. Die häufig schweren Fleisch- und Zwiehuhnrassen dagegen sind meist flugunfähig oder zumindest ausgesprochen flugfaul. Für diese Rassen reicht bereits ein ausreichend hoher Zaun aus. Möchten Sie Ihren Hühnern die Flügel stutzen, gehen Sie folgendermaßen vor:

Das Huhn aufheben

Im ersten Schritt müssen Sie das Huhn erst einmal einfangen. Bei zahmen Tieren, die Ihnen bereits vertrauen, ist das relativ einfach. Die Tiere laufen nicht weg, wenn Sie sich Ihnen nähern und lassen sich einfach hochnehmen. Um das Tier hochzuheben, greifen Sie es von hinten oben im Bereich der Flügel mit beiden Händen. Dies verhindert, dass das Huhn anfängt zu flattern. Dann platzieren Sie eine Hand von vorn auf dem Bauch des Tieres. Der Mittelfinger liegt zwischen seinen Beinen, die anderen Finger jeweils links und rechts auf der anderen Seite. Mit der zweiten Hand halten Sie das Huhn nah an ihrem Körper. Dabei können Sie freundlich und beruhigend mit ihm reden.

Ist das Huhn noch nicht zahm und flüchtet vor Ihnen, können Sie versuchen, es nachts bzw. nach Einbruch der Dunkelheit im Hühnerstall von der Stange zu nehmen.

Achten Sie im direkten Kontakt dabei, dass Sie selbst ruhig und entspannt sind. Hühner sind empfindsame Tiere und spüren Ihre Aufregung, die sich dann schnell überträgt und auch das Tier nervös macht. Scheuen Sie sich ebenfalls nicht, beherzt, aber nicht grob zuzugreifen. Hühner sind nicht zerbrechlich, und ein fester Griff gibt Ihnen Ruhe und Sicherheit.

Abbildung 7 So halten Sie Ihr Huhn sicher und stabil!

Den Flügel stutzen

Setzen Sie sich mit dem Huhn auf dem Schoß und spreizen Sie einen Flügel nach außen ab, so dass die Federn komplett aufgefächert sind. Anschließend können Sie die Handschwingen (die ersten zehn Federn des Flügels) mit einer scharfen Schere auf etwa die Hälfte Ihrer Länge abschneiden. Dabei müssen Sie darauf achten, nur dort zu schneiden wo der Federschaft weiß ist. Wie beim menschlichen Fingernagel ist dieser Teil nicht durchblutet und besitzt keine Nerven. Der dunkle Teil des Schafts ist dagegen mit Blutgefäßen durchzogen. Schneiden Sie zu tief, verletzen Sie das Tier und tun ihm weh. Pro Huhn wird nur ein Flügel gestutzt, um das Huhn aus dem Gleichgewicht zu bringen, sodass es nicht mehr flattern oder fliegen kann.

Beginnen Sie mit Ihren ersten Versuchen im Flügelstutzen bei ruhigen Hühnern, die bestenfalls schon zahm sind. Mit mehr Übung und Sicherheit kommen Sie dann auch mit aufgeregteren Tieren gut zurecht.

Läuft ein Hahn in Ihrer Hühnergruppe mit und möchten Sie Küken, sollten Sie diesem die Federn nicht stutzen, da er dann das Gleichgewicht beim Begatten der Hennen nicht mehr halten kann. Ebenfalls problematisch kann das Stutzen sein, wenn die Hühnerstangen sehr hoch im Stall angebracht sind und die Hühner nicht mehr auf die Stange flattern können. Dann müssen Sie die Stangen tiefer setzen oder eine Aufstiegshilfe anbringen.

Krallen und Schnabel kürzen

Diese Maßnahme ist in der Regel überflüssig, wenn Ihre Hühner Freilauf und viel Platz zum Scharren und Picken haben. In diesem Fall nutzen sich Krallen und Schnabel regelmäßig ab. Bei reiner Stallhaltung oder sehr kleinen Ausläufen muss deren Länge jedoch regelmäßig kontrolliert werden. Um das Huhn bei diesem Vorgang ruhig zu halten, sollten Sie es in ein Handtuch einwickeln und sich auf den Schoß setzen. Anschließend nehmen Sie den Hühnerkopf sanft, aber fest in die Hand und kürzen den oberen Schnabel soweit, dass er nur noch ganz wenig länger als der untere Schnabelteil ist.

Geeignet ist ein scharfer Nagelknipser oder auch eine Krallenzange für Hunde. Anschließend glätten Sie eventuell Kanten oder Ecken mit einer Nagelfeile.

Achten Sie darauf, nur im hellen Schnabelteil zu kürzen, ebenso wie bei den Federn sind die dunkleren Teile durchblutet und enthalten Nervenenden. Am einfachsten geht das Schnabel-Kürzen mit zwei Personen: Während eine das Huhn ruhighält, kann die andere in Ruhe und mit vollster Konzentration am Schnabel arbeiten.

Stellen Sie fest, dass sich die Krallen Ihrer Hühner einrollen, müssen sie gekürzt werden. Dazu wird das Huhn in ein Handtuch gewickelt und auf den Rücken gedreht. Auch hier geht es am einfachsten, wenn Sie zu zweit sind und das Huhn auf dem Schoß halten. Hat sich das Huhn beruhigt, befreien Sie die Krallen mit einem feuchten Tuch von Schmutz, damit Sie eine gute Sicht darauf haben. Nehmen Sie den Zeh zwischen Daumen und Zeigefinger und kürzen Sie die Kralle um etwa einen halben Zentimeter. Achten Sie auch hier wieder darauf, dass Sie nicht in den durchbluteten Bereich schneiden oder knipsen. Geeignet als Werkzeug sind wie beim Schnabel Nagelknipser oder Krallenzange.

Das Hühnerbad

Normalerweise müssen Hühner nicht gebadet werden. Ausnahmen bilden starke Verschmutzungen, mit denen die Hühner nicht mehr selbst fertig werden, wie zum Beispiel Ölschmiere. Vor dem Besuch einer Geflügelausstellung macht ein Bad Ihr Huhn noch schöner. Damit das Huhn dabei keinen Stress erleidet, sollten Sie folgende Punkte beachten:

- Baden Sie grundsätzlich nur angstfreie, möglichst zahme Hühner.

- Sorgen Sie dafür, dass Sie selbst entspannt, gut gelaunt und ruhig sind, da sich Ihre Stimmung aufs Tier überträgt.

- Gehen Sie sanft, aber bestimmt mit dem Tier um.

Füllen Sie eine ausreichend große Schüssel mit etwas mehr als handwarmem Wasser, heben Sie das Tier wie oben bereits beschrieben hoch und setzen Sie es für einige Minuten in die Schüssel.

Anschließend setzen Sie das Huhn auf ein geeignetes Brett oder einen Tisch in für Sie bequemer Höhe und säubern mit einem milden (Baby) Shampoo und einer Zahnbürste seine Beine und Füße.

Dann setzen Sie das Tier zurück in die Schüssel und übergießen es so lange mit Wasser, bis die Federn komplett nass sind. Das kann eine Weile dauern, da die Federn wasserabweisend sind. Schließlich können Sie den Körper mit mildem Shampoo einseifen. Wenn Sie den Kopf waschen, müssen Sie darauf achten, dass keine Seife ins Hühnerauge gerät. Ist das Tier fertig gewaschen, spülen Sie das Shampoo gründlich aus. Es dürfen keine Seifenreste im Fell verbleiben!

Nehmen Sie das Huhn aus der Schüssel und wickeln Sie es in ein Handtuch. Nun können Sie mit einem Wattestäbchen vorsichtig Schnabel und Nasenlöcher säubern.

Bevor Sie das Huhn wieder ins Freie lassen, muss es gründlich trocknen. Nach dem Abtupfen mit einem Handtuch können Sie entweder den Fön benutzen oder alternativ Ihr Huhn für einige Zeit in eine Kiste unter eine Wärmelampe setzen. Auch ein warmes Zimmer sorgt dafür, dass das Tier schnell trocknet.

Diese Anleitung funktioniert prima, wenn ein Huhn gewöhnt ist, dass Sie es anfassen und hochnehmen und es das Baden mag. Wehrt sich das Tier stark, wirkt sehr gestresst oder ängstlich, sollten Sie die Prozedur abbrechen und warten, bis es sich beruhigt hat. Wenn das Baden für das Huhn zu einer angenehmen Erfahrung wird, ist es beim nächsten Mal viel leichter, und das Tier wird die ausgiebige Körperpflege wahrscheinlich sogar genießen.

Das Wichtigste auf einen Blick

- Kaufen Sie Ihre Hühner von einem seriösen Züchter, haben Sie die Garantie, gesunde und legefreudige Hühner zu bekommen, die geimpft, entwurmt und robust sind.

- Viele Probleme wie leichte Verletzungen, einen leichten Schnupfen oder Durchfall können Sie mit den richtigen Mitteln auch selbst behandeln. Das erspart den Hühnern Stress und Ihnen selbst die Tierarztkosten.

- Mit einer gut ausgestatteten Hausapotheke sind Sie bestens gerüstet.

- Überprüfen Sie am besten täglich, ob es Ihren Tieren gut geht und reagieren Sie sofort auf Verhaltensauffälligkeiten und sichtbare Symptome.

- Hühnermilben sind in jedem Hühnerstall gegenwärtig, einen milbenfreien Stall gibt es nicht. Ziel aller Maßnahmen ist es deshalb, die Anzahl der Parasiten soweit zu reduzieren, dass sie für die Tiere kein Gesundheitsrisiko darstellen.

- Zur Hühnerpflege gehören Flügel, Krallen und Schnabel stutzen und manchmal sogar ein Bad.

- Wirken ein oder mehrere Ihrer Hühner krank, sollten Sie schnell handeln und nicht zögern, den Tierarzt aufzusuchen.

Die eigene Hühnerzucht

Es gibt sicher kaum etwas Niedlicheres als frischgeschlüpfte Hühnerküken. Die Küken können entweder von Ihren Hühnern selbst oder im Brutkasten ausgebrütet werden. Eines ist jedoch sicher: Damit Ihr Hühnernachwuchs gut gedeiht, brauchen die Tiere einiges an Aufmerksamkeit und Pflege. Mit der richtigen Fürsorge werden die Tiere zu kräftigen und gesunden Hennen, die Sie nicht nur durch ihre Eier erfreuen.

Brüten Hühner ihre Eier selbst aus, sind sie hingebungsvolle und zuverlässige Mütter, die ihre Küken warm halten und gut beschützen. Entscheiden Sie sich für eine künstliche Brut, um eigene Hühner zu züchten, müssen Sie vor allem die Wärme ersetzen.

Gerade in der ersten Lebenswoche brauchen es die Küken kuschelig warm. Die richtige Umgebung finden Sie unter dem Gefieder der Glucke. Zusätzlich sollten Sie gerade bei kühleren Außentemperaturen für zusätzliche Wärme sorgen und die Küken unter einer Wärmelampe halten und den Boden unter der Lampe mit Hobelspänen ausstreuen. Mit jeder Lebenswoche der Tiere können Sie die Temperatur der Lampe um zwei Grad senken. Ab der 6. Woche brauchen die Tiere tagsüber keine Wärmelampe mehr, ab der 8. Lebenswoche können Sie auf die Lampe auch nachts verzichten, denn die Küken halten dann ihre Körperwärme ausreichend. Allerdings sind diese Zeiträume nicht fix und hängen auch von der Außentemperatur, dem Federwachstum und davon ab, wie kräftig die Küken sich entwickeln.

Die Naturbrut

Sicher träumen auch Sie davon, glückliche Küken zusammen mit ihrer Mutter, der Glucke, im Freilauf und im Stall beobachten zu können und live dabei zu sein, wie die Henne ihren Kindern die besten Futterplätze zeigt, sie vor Gefahren beschützt und ihnen alles beibringt, was ein kluges Huhn wissen muss. Damit Ihre Hühner brüten und die Küken gesund und kräftig aufwachsen, sollten Sie die folgenden Ratschläge beherzigen und sich auch über die Vor- und Nachteile dieser Aufzuchtsart im Klaren sein.

Abbildung 8 Eine Glucke mit ihren frisch geschlüpften Küken

Gluckende Hühner

Ob eine Ihrer Hennen bereit ist zu brüten, erkennen Sie ganz leicht: Das Tier bleibt auf dem Legenest sitzen und gibt eindeutig "gluckende" Laute von sich – daher auch der Name „Glucke“. Das Huhn rollt außerdem alle Eier im Nest so zurecht, dass sie sich darauf setzen kann, hockt sich dicht auf das Netz und breitet die Flügel aus. Dies ist im Frühjahr oder im Frühsommer zu beobachten, einige Tiere haben noch ein weiteres Mal im Spätsommer Lust auf eigene Küken. Wenn Sie die Henne in ihrem Wunsch, eine Glucke zu werden und zu brüten unterstützen wollen, wird es jetzt Zeit für einige Vorbereitungen.

Vorbereitung auf die Mutterschaft

Planen Sie eine Naturbrut, brauchen Sie gesunde legefreudige Hennen. Dazu müssen die Tiere besonders ausgewogen gefüttert werden, neben einer mineral- und vitaminstoffreichen Ernährung sollten Sie das Tier direkt vor der Brut unbedingt entwurmen und den Stall vorher von Milben befreien und vor einem Neubefall schützen. Wie dies funktioniert, lesen Sie im Kapitel Hühnerkrankheiten. Nicht jede Henne eignet sich gleich gut als Glucke. Die unruhigen und nervösen Tiere in Ihrer Horde sollten Sie dafür nicht einplanen, da sie dieses Verhalten später auch an ihre Küken weitergeben. Suchen Sie sich ausgeglichene, gesunde und charakterstarke Tiere aus, wird auch die Nachzucht diese Eigenschaften übernehmen und später selbst zu guten Glucken werden.

Halten Sie eine eher brutfaule Rasse, können Sie einige gerne brütenden Hennen mitlaufen lassen und diesen die Bruteier „unterschieben“.

Das Legenest

Beim Legenest haben Sie die Wahl, entweder eines der vielen Modelle aus dem Handel zu kaufen oder ein Modell Marke Eigenbau zu verwenden. Die Hennen selbst stellen keine besonders hohen Ansprüche, für sie reicht ein großer Pappkarton oder eine Holzkiste aus, auch mit einem Katzenklo geben Sie sich gerne zufrieden. Wichtig ist, dass es im Nest warm und weich ist und die Glucke sich darin wohl und sicher fühlt. Sie können das Nest zum Beispiel mit Heu, Stroh oder auch Holzspänen auslegen, letztere schützen gleichzeitig die Eier vor Beschädigungen. Achten Sie bei der Aufstellung darauf, dass das Nest stabil steht und weder wackeln noch kippen kann. Für die meisten Rassen sollte das Nest mindestens 35 x 35 x 35 cm groß sein. Auf jeden Fall muss das Nest so groß sein, dass alle Eier nebeneinander liegen und sich nicht stapeln, sonst erhalten die unten liegenden Eier nicht genug Wärme und werden nicht ausgebrütet.

Die meisten Hühner bevorzugen höhergelegene Nester. Damit sie diese leicht erreichen können, sollten Sie eine Hühnerleiter anbringen.

Der Gluckenstall

Zum Brüten ziehen sich Hennen meist gerne zurück, um sich ganz in Ruhe und ohne Ablenkung dem Brüten widmen können. Der Umzug in den Gluckenstall sollte erst erfolgen, wenn die Henne bereits zu brüten angefangen hat und sozusagen fest auf dem Nest hockt. Das ist meist einige Tage nach Beginn des Brütens problemlos möglich.

Als Gluckenstall eignet sich ein abgetrennter Bereich im eigentlichen Hühnerstall oder auch ein extra Stall, zum Beispiel ein Kaninchenstall in ausreichender Größe. Als einfache Variante können Sie auch größere Kartons oder Boxen aus Holzplatten verwenden. Zwar sitzt die Glucke erstmal hauptsächlich im Nest, dennoch braucht sie Platz, auch für später, wenn die Küken da sind. Planen Sie deshalb eine Größe von ca. 2 m^2 ein. An Einrichtung im Gluckenstall benötigt das Tier:

- Einen Nestbereich
- Ein Sandbad
- Tränke und Futterbereich

Während der Brutzeit sollten Sie das Gelege alle zwei Tage mit Kieselgur überstreuen. Dies schützt vor Milben, die sich in der behaglichen Wärme unter der Glucke besonders gut entwickeln und zu argen Plagegeistern werden können.

Die Glucke setzen

Haben Sie ein oder mehrere Hühner als Glucken ausgewählt und wollen nichts dem Zufall überlassen, können Sie folgendermaßen vorgehen: Sie bereiten das Legenest gleich im Gluckenstall vor und bestücken es mit 4 bis 5 Eiern, die allerdings noch nicht die vorher befruchteten Bruteier sind. Anschließend setzen Sie eine bereits seit zwei Tagen gluckende Henne in den Gluckenstall und direkt auf das Legenest um, am besten am Abend im fast dunklen Stall. Nun heißt es abwarten, bis die Henne das Nest angenommen hat, meist ist dies nach spätestens zwei Stunden der Fall. Zeigt sich im Verlauf der nächsten 24 Stunden, dass die Henne fest auf dem Nest sitzt, werden die Eier gegen die Bruteier ausgetauscht und nach etwa drei Wochen schlüpfen die zauberhaften Küken aus ihrer Schale.

In das Legenest dürfen nur so viele Bruteier, wie die Glucke mit ihrem Körper bedeckten kann. Bei mittelgroßen Rassen sind das maximal 10 Stück.

Abbildung 9 Ein frisch geschlüpftes Küken

Glucken brauchen Fürsorge

Mit dem Bebrüten eines Geleges nehmen sich Hennen eine große und anstrengende Aufgabe vor. Sie verbringen fast die komplette Zeit auf den Eiern und wenden sie mehrmals täglich. Das Fressen hat jetzt eine untergeordnete Rolle, deshalb brauchen die Tiere hochwertiges Körnerfutter und immer ausreichend Wasser. Weich- und Grünfutter sollte die Henne während der Brutzeit nicht fressen, da es Durchfall auslösen kann. Das ist unangenehm fürs Tier und kann die Eier verschmutzen, was wiederum dazu führt, dass die Eiporen verstopfen und der Embryo abstirbt.

Bemerken Sie, dass eine Glucke gar nicht mehr aufsteht, sollten Sie sie vorsichtig herausheben am besten von vorne, damit Sie nicht versehentlich ein unter dem Flügel verstecktes Ei zerstören.

Vom Gluckenstall zum Kükenheim

Zwei Tage, nachdem die Küken geschlüpft sind, sollte der Stall ausgeräumt und gründlich gereinigt werden, um Parasiten, Milben und Kot zu entfernen. Damit sich die Küken wohlfühlen, sollten Sie den Stall mit einer dünnen Schicht Hobelspäne ausstreuen und für Küken geeignete Futter- und Wassertröge aufstellen. In der Zeit, in der die Küken dort heranwachsen, sollte der Stall gründlich am besten täglich gereinigt werden.

Das Wichtigste auf einen Blick

- Eine brutbereite Henne (Glucke) erkennen Sie daran, dass das Tier auf dem Legenest sitzenbleibt und eindeutig "gluckende" Laute von sich gibt.

- Planen Sie eine Naturbrut, brauchen Sie gesunde legefreudige Hennen.

- Die meisten Hühner bevorzugen höhergelegene Nester. Damit sie diese leicht erreichen können, sollten Sie eine Hühnerleiter anbringen.

- Zum Brüten ziehen sich Hennen meist gerne zurück, ideal ist ein separater Gluckenstall.

- In das Legenest dürfen nur so viele Bruteier, wie die Glucke mit ihrem Körper bedeckten kann.

- Glucken brauchen hochwertiges Körnerfutter und immer ausreichend Wasser.

- Zwei Tage, nachdem die Küken geschlüpft sind, sollte der Stall zum Kükenheim umgebaut werden.

Der Hahn

Möchten Sie, dass Ihre Hühner befruchtete Eier legen und diese im besten Fall auch selbst ausbrüten, brauchen Sie einen Hahn. Da vielen Rassen heute der Bruttrieb fehlt, ist dies jedoch noch keine Garantie, dass eine Glucke sich bereit erklärt, die befruchteten Eier auch auszubrüten. Falls Sie keinen Hahn halten möchten oder dies aufgrund der Umstände nicht möglich ist, können Sie natürlich auch Bruteier kaufen und diese Ihren Glucken „unterschieben“.

Welcher Hahn ist der richtige?

Läuft ein Hahn bei Ihren Hühnern mit, hat das neben Bruteiern noch weitere Vorteile. Er beschützt seine Hennen und bringt Ruhe in das soziale Gefüge Ihrer Hühnerhorde. Planen Sie die Anschaffung eines Hahns, sollten Sie sich für ein erfahrenes Tier entscheiden. Als optimal gilt ein Alter von 2 Jahren. Dann hat das Tier noch eine lange Lebenserwartung, steht gut in seiner Kraft und kann auch gegen die Althenne, die bisher die Gruppe geführt hat, bestehen.

Ihre Auswahl sollte auf einen Hahn fallen, der mindestens hinsichtlich der Größe zu Ihren Hühnern passt. Ideal ist die gleiche Rasse, eine Paarung ist jedoch auch unter verschiedenen Rassen möglich. Der ideale Hahn ist selbstbewusst, ohne aggressiv zu sein, und hat seine Hühner „im Griff“. Entscheiden Sie sich für einen bereits ausgewachsenen Hahn, können Sie diese Eigenschaften überprüfen und auch gleichzeitig feststellen, wie stimmgewaltig das Tier ist. Vor allem in dichter besiedelten Gebieten ist es vorteilhaft, wenn der Hahn weniger krähfreudig ist oder zumindest eher leise kräht.

Abbildung 10 Ein glücklicher Hahn

Paarungszeit

Das Sperma eines Hahns reicht für maximal sechs Befruchtungen und hält nach der Paarung von Hahn und Glucke etwa vierzehn Tage lang vor. In dieser Zeit legt die Henne täglich maximal ein befruchtetes Ei. Während der Legephase brütet die Glucke noch nicht. Das befruchtete Ei kühlt ab, die Embryoentwicklung pausiert. Erst wenn ausreichend Eier im Nest legen, beginnt das Brüten. Aus diesem Grund schlüpfen alle Küken in etwa zur gleichen Zeit, auch wenn der Zeitpunkt des Eierlegens bis zu zwei Wochen auseinanderliegen kann.

Der Deckakt geht vom Hahn aus. Mit Futter im Schnabel lockt er die Henne zu sich und fängt an, sie zu umwerben: Er tanzt mit kleinen Schritten um sie herum und spreizt dabei einen seiner Flügel. Die paarungsbereite Henne reagiert darauf, indem sie sich duckt. Nun weiß der Hahn Bescheid, steigt auf und befruchtet das Huhn. Man spricht auch davon, dass der Hahn die Henne tritt. Dieser Vorgang dauert nur wenige Sekunden.

Gerät der Hahn in Paarungsstress, zum Beispiel weil es andere Hähne gibt oder zu viele Hennen, dann täuschen einige Tiere Sex nur vor. Sie treten die Henne, übertragen aber kein Sperma. Dadurch werden auch die Hennen für einige Zeit weniger paarungsbereit.

Als ausgewogenes Verhältnis gilt, dass für einen Hahn, maximal 6 Hennen "zur Verfügung" stehen sollten. Sind es zu viele, gerät der Hahn in Stress, sind es zu wenige Hennen, sind diese von der Sexlust der Hähne überfordert und ihrerseits gestresst.

Hähne haben durchaus auch Vorlieben, also Hennen, die sie besonders gerne begatten. Allerdings sind dies häufig nicht die Tiere, die gerne brüten – denn sie stehen dem Hahn deutlich weniger zur Verfügung. Sie sehen also, für eine Naturbrut muss so Einiges passen – auch zwischen den Tieren selbst.

Wollen Sie züchten und nicht auf einen Brutkasten zurückgreifen, brauchen Sie also eine Henne, die gerne brütet. Dabei ist es den Tieren egal, ob sie eigene oder fremde Eier ausbrüten. Sie können also befruchtete Eier der aktiven Tiere den Hennen unterschieben, die lieber brüten als sich paaren. Achten Sie dabei darauf, dass Sie alle Bruteier gleichzeitig ins Nest legen, damit die Küken auch gleichzeitig schlüpfen.

Ein Hahn wird sich mit mehreren Hennen am Tag paaren. Der Paarungsvollzug kann von Ihren Hühnern seinen Tribut fordern, da es das Ausrupfen von Federn einschließt und manchmal Wunden verursacht. Um Ihre Hennen zu schützen, können Sie bei allzu aktiven Hähnen einen Hühnersattel nutzen. Dieser wird auf dem Rücken der Hennen befestigt und schützt sie vor Verletzungen.

Der Hahn und die Nachbarn

Bis zu einer Anzahl von 20 Tieren gilt die Hühnerhaltung als Hobby, das schließt auch den Hahn mit ein. Trotzdem kann es Ärger mit den Nachbarn geben, vor allem, wenn der Hahn lautstark den Sonnenaufgang begrüßt. Sie können einiges tun, um die Lärmbelästigung zu reduzieren und Beschwerden von Nachbarn zu vermeiden:

- Isolieren Sie den Stall schalldicht und sorgen Sie für Verdunkelung, das zögert das Krähen am Morgen zeitlich hinaus.

- Sperren Sie Ihre Hühner zu bestimmten Tageszeiten in den „dunklen" Stall, zum Beispiel um die Mittagszeit herum. Denn dort kräht der Hahn nicht oder ist deutlich leiser für die Anwohner um Ihr Grundstück.

- Sprechen Sie vor der Anschaffung des Hahns mit Ihren Nachbarn und sorgen Sie für gute Stimmung – zum Beispiel durch regelmäßige Eiergeschenke. Wenn Ihre Nachbarn auch etwas davon haben, werden Sie dem Krähen gleich positiver und geduldiger gegenüberstehen.

- Halten Sie nicht mehr als einen Hahn, damit es keine lautstarken „Krähwettbewerbe" gibt.

- Lebt im Umkreis bereits ein Hahn, sollten Sie ebenfalls, wenn möglich, keinen eigenen mitlaufen lassen, da es auch auf die Entfernung zu lautstarken Duellen zwischen den Tieren kommen kann.

Wohnen Sie in der Stadt oder in einem sehr dicht besiedelten Gebiet, sollten Sie es sich gut überlegen, ob ein Hahn zu Ihren Hennen wirklich erforderlich ist. So schön es ist, die Interaktion zwischen den Tieren zu beobachten und die meist prachtvollen Hähne zu bewundern – der Stress mit den Nachbarn, die sich über die Lärmbelästigung beschweren, kann diese Freude leicht zunichtemachen.

Die Kunstbrut

Wenn Sie als Hobbyhalter eigene Hühner züchten möchten, stehen Sie oft vor einem Dilemma: Zwar legen Ihre Hennen fleißig Eier, haben aber wenig Lust zu brüten. Dies ist Absicht, denn Glucken, die ein Nest bebrüten und anschließend ihre Küken aufziehen, legen in dieser Zeit keine Eier. Erst wenn die Küken 6 bis 8 Wochen alt sind, beginnen sie wieder damit. Deshalb wurde den Hennen der Bruttrieb im Laufe der Zucht regelrecht abgewöhnt. Planen Sie also, eigene Küken zu züchten, müssen Sie auf den Brutkasten ausweichen. Mit dem ausreichenden Vorwissen und dem nötigen Equipment ist die Kunstbrut keine Kunst und sorgt dafür, dass bald Ihre selbst gezüchtete Hühnerherde im Garten lebt. Es gibt verschiedene Gründe, die eine Kunstbrut sinnvoll machen. Vielleicht wünschen Sie sich "termingerecht" eigene Küken, oder Ihre eigenen Hühner sind wenig interessiert am Brüten. Dies betrifft häufig gerade die Rassen, die gerne und viele Eier legen.

Der Brutkasten

Der Brutkasten ist das Zentrum der Kunstbrut und ersetzt die Nestwärme der Glucke. Man unterscheidet zwischen Flächen- und Motorbrütern. Erstere sind für private Hühnerhaltung meist die beste Wahl. Sie sind preisgünstig, fassen 12 bis 60 Eier und brauchen wenig Platz, die Konstruktion ist vergleichsweise simpel: In einer Styroporbox Heizkabel aufgehängt, das über ein Thermostat gesteuert wird. Mit einem Thermometer wird die Temperatur regelmäßig geprüft. Motorbrüter sind teurer und aufwändiger, dafür können Sie damit 80 bis 500 Eier gleichzeitig ausbrüten lassen.

Damit Ihre Kunstbrut erfolgreich ist, muss der Flächenbrüter vier Aufgaben zuverlässig erfüllen. So muss er die nötige Bruttemperatur erreichen und stabil halten, die Luftfeuchtigkeit muss entsprechend hoch sein, die Eier müssen sich einfach mehrmals täglich wenden lassen und im Brüter findet ein regelmäßiger Luftaustausch statt. Letzteres ist wichtig, damit die Küken nicht im Inneren der Eischale festkleben.

Für die optimalen Ausgangsbedingungen sollte der Brüter an einem Ort ohne Temperaturschwankungen aufgestellt sein, da sich extreme Hitze oder Kälte auf die Temperatur im Brüter selbst auswirken. Ideal ist ein dunkler Raum mit gleichbleibenden Temperaturen wie zum Beispiel ein Kellerraum oder eine Speisekammer.

Bevor Sie die Eier in den Brüter legen, sollten Sie sich vergewissern, ob dieser auch ordnungsgemäß funktioniert. Dazu lassen Sie den Brüter über mindestens 48 Stunden ohne befruchtete Eier laufen und prüfen regelmäßig die Temperatur. Üben Sie dabei auch, die Eier zu wenden! Denn dies muss sorgsam und häufig geschehen, ohne dass die Eier beschädigt werden. Ist es dann soweit und die Bruteier werden eingelegt, muss der Brüter bereits auf Bruttemperatur aufgewärmt sein.

Hygiene im Brutkasten ist ausgesprochen wichtig. Deshalb sollten Sie den Brutkasten vor der Benutzung komplett auseinanderlegen und gründlich reinigen oder sogar desinfizieren.

Die richtige Temperatur

Die richtige Temperatur ist beim Ausbrüten der Küken im Flächenbrüter besonders wichtig und muss regelmäßig kontrolliert werden. Ideal ist der Bereich zwischen 37,5 und 38 Grad, größere Schwankungen müssen Sie vermeiden, denn die schaden der Entwicklung der Küken. Am zuverlässigsten sind Brüter mit einer stufenlosen Regelung und einer digitalen Steuerung. Entscheiden Sie sich für die simple Variante und messen die Temperatur im Brüter mit einem einfachen Thermometer, müssen Sie an der Oberkante der Eier messen.

Etwa zwei bis drei Tage vor dem Schlupftermin können Sie die Temperatur um 0,2 bis 0,3 Grad absenken, denn dann produzieren die Küken im Ei bereits eigene Wärme.

So wichtig die stabile Temperatur ist: Die Eier müssen einmal täglich kurz gekühlt werden. Damit ahmen Sie die Zeiten nach, in denen bei der Naturbrut die Glucke das Nest verlässt. Nehmen Sie dazu die Eier täglich für etwa 15 Minuten aus dem Brüter heraus und bewahren Sie sie an einem moderat temperierten und zugluftfreien Ort auf. Damit es nicht zu Schäden kommt, können Sie die Eier zum Beispiel in einen Eierkarton legen.

Die richtige Luftfeuchtigkeit

Die Luftfeuchtigkeit im Brüter sollte konstant bei etwa 50 % liegen. Je nach Konstruktion Ihres Brüters ist ein entsprechender Vorratsbehälter vorhanden, alternativ können Sie eine Schale mit Wasser hineinstellen. Achten Sie darauf, dass der Behälter immer mit Wasser gefüllt ist, damit die Luft nicht zu trocken wird. Kurz vor dem Schlupf müssen Sie die Luftfeuchtigkeit erhöhen – je höher, umso besser, denn dadurch werden die Eierschalen weich und die Küken können leichter schlüpfen. Dazu können Sie ein feuchtes Tuch oder einen feuchten Schwamm in den Brüter legen.

Täglich wenden

Um zu verhindern, dass die Küken von innen an der Eierschale festkleben, müssen Sie die Eier im Flächenbrüter mindestens 5-mal täglich wenden. Bei der Naturbrut übernimmt das die Glucke. Bei vollautomatischen Brütern – die allerdings deutlich teurer sind – findet das Wenden automatisch den ganzen Tag über statt. Wenden Sie die Eier von Hand, müssen Sie dabei vorsichtig umgehen. Ideal ist es, wenn Sie das Ei jedes Mal um eine Viertelumdrehung wenden. Beginnen Sie mit dem Wenden am 4. Bruttag, damit das Embryo genug Zeit hat, sich im Ei zu entwickeln und zu stabilisieren. In dieser Zeit sollten Sie den Brüter auch nicht öffnen. Waschen Sie sich vorher die Hände, um keine Keime in den Brüter einzuschleusen.

Markieren Sie die Eier mit einem wasserfesten Stift, behalten Sie den Überblick, wann das Ei einmal komplett gewendet wurde. Ideal ist es, die Eier auf jedem Viertel mit einer Zahl zu markieren.

Zeit zum Schlüpfen

Zwischen dem 19. und 21. Bruttag schlüpfen die Küken. Damit die Tiere sicher und unbehindert aus der Schale gelangen, nehmen Sie die Eier aus der Wendeeinrichtung und legen Sie auf die ebene Schlupffläche im Brüter. Jetzt sollte die Luftfeuchtigkeit so hoch wie möglich sein! Bis zum Schlüpfen sollte der Brüter jetzt nicht mehr geöffnet werden, um die Luftfeuchtigkeit zu halten. Dass es bald soweit ist, erkennen Sie an folgenden Anzeichen:

- Die Eier beginnen zu wackeln, da die Küken von innen an der Schale picken.

- Sie können ein leises Piepsen hören, wenn die Tiere die innere Eihaut durchstoßen haben.

- Sie sehen die ersten Löcher in der Eierschale - Es kann allerdings dann noch bis zu 12 Stunden dauern, bis die Küken herauskommen.

Sind die Tiere geschlüpft, sollten Sie sie noch einige Stunden im Brüter lassen, bis sie vollständig getrocknet sind. Anschließend können Sie die Tiere in den vorbereiteten Kükenstall umsetzen.

Vom ersten Wackeln des Eis bis zum Schlüpfen können 3 bis 5, aber auch bis zu 24 Stunden vergehen. Hier ist also Geduld angesagt. Auch wenn es Ihnen noch so schwerfällt, sollten Sie diesen Vorgang keinesfalls beschleunigen, auch wenn Sie vermuten, dass es ein Küken nicht alleine schafft. Dies kann verschiedene Gründe haben: So kann das Küken an der Schale festkleben, weil die Luft während des Brutvorgangs zu trocken war. Weitere Ursachen sind eine falsche Lage oder Position des Tiers. Inzucht, erbliche Gründe oder eine schlechte Ernährung der Glucke können ebenfalls die Ursache sein. Traurig aber wahr: Küken, die es nicht selbst aus dem Ei schaffen, haben meist keine große Überlebenschance und sind nur selten zu retten. Dennoch können Sie es natürlich versuchen und dem Tier so behutsam wie möglich aus der Eierschale helfen. Anschließend braucht das meist sehr geschwächte Tier besonders viel Wärme und Aufmerksamkeit und Unterstützung beim Fressen und Trinken. Genaue Informationen dazu, wie man solche Küken am besten versorgt, gibt Ihnen Ihr Tierarzt.

Abbildung 11 Küken schlüpfen im Flächenbrüter

Das Wichtigste auf einen Blick

- Der Brutkasten ersetzt die Nestwärme der Glucke.
- Flächenbrüter sind eine praktische und kostengünstige Möglichkeit, Eier auszubrüten.
- Hygiene im Brutkasten ist ausgesprochen wichtig.
- Die richtige Temperatur beim Brüten liegt zwischen 37,5 und 38 Grad.
- Die Luftfeuchtigkeit im Brüter sollte konstant bei etwa 50 % liegen.
- Um zu verhindern, dass die Küken von innen an der Eierschale festkleben, müssen Sie die Eier im Flächenbrüter mindestens 5-mal täglich wenden.
- Zwischen dem 19. und 21. Bruttag schlüpfen die Küken.
- Küken, die nicht alleine schlüpfen, sind meistens sehr schwach und haben nur geringe Überlebenschancen.

Die Bruteier

Um Küken im Brutkasten zu züchten, brauchen Sie vor allem eins: Befruchtete Eier. Hier haben Sie verschiedene Möglichkeiten. Wenn in Ihrer Gruppe ein Hahn mitläuft, können Sie befruchtete Eier von Ihren eigenen Hühnern einsammeln. Dass ein Ei befruchtet ist und sich zum Ausbrüten eignet, erkennen Sie an verschiedenen Merkmalen. Ein wichtiger Punkt ist das rassetypische Mindestgewicht, je nach Hühnerrasse liegt dieses zwischen 40 Gramm beim Zwerghuhn und etwa 60 Gramm bei großen Hühnerrassen. Wählen Sie nur Eier mit einer üblichen Form, zu spitze oder zu runde Eier sollten Sie aussortieren.

Ebenso wichtig ist es, dass die Schale intakt und fest ist, gesprungene Eier eignen sich nicht zum Ausbrüten. Da man feine Sprünge mit dem bloßen Auge nicht sehen kann, sollten Sie dies mit einer speziellen Lampe, der sogenannten Schierlampe überprüfen. Damit können Sie gleichzeitig feststellen, ob sich im Ei Blutflecken befinden oder die Luftblase an der falschen Stelle sitzt und auch, ob das Ei überhaupt befruchtet ist.

Wenn Sie passende Bruteier gesammelt haben, müssen sie nicht sofort in den Brutkasten. Bei richtigen Umgebungsbedingungen können Sie die Eier bis zu 10 Tagen lagern. Beachten Sie dabei folgende Punkte:

- Die Lagertemperatur sollte konstant zwischen 8 und 15 Grad liegen.

- Die optimale Luftfeuchtigkeit im Lagerraum beträgt 75 %.

- Vermeiden Sie Zugluft und direkte Sonneneinstrahlung.
- Die Eier müssen liegend gelagert werden.

Damit das Eigelb nicht an einer Seite festklebt, müssen die Eier mehrmals täglich vorsichtig gewendet werden. Ein idealer Ort zur Lagerung ist ein aufrechtstehender Eierkarton. Zum Wenden drehen Sie diesen jeweils einfach um.

Haben Sie keinen Hahn und damit keine befruchteten Eier, können Sie diese auch beim Händler Ihres Vertrauens einkaufen. Anlaufstellen sind der örtliche Hühnerzüchter, diverse Onlineplattformen, Kleintiermärkte oder der örtliche Hühnerzuchtverein. Gekaufte Bruteier sollten Sie ebenfalls gründlich prüfen, damit Ihre eigene Hühnerzucht auch ein Erfolg wird. Dies sollte einmal direkt beim Verkäufer erfolgen und anschließend Zuhause. So erkennen Sie, ob einzelne Eier durch den Transport beschädigt wurden. Neben der Sichtprüfung mit dem bloßen Auge empfiehlt sich auch hier wieder der Einsatz der Schierlampe.

Was ist eine Schierlampe?

Mit einer Schierlampe erkennen Sie Beschädigungen am Ei und auch, ob ein Ei überhaupt befruchtet ist (ab dem 4. bis 5. Tag). Eine Schierlampe ist eine besonders starke Lampe, die vor allem bei grünen oder braunen Eiern nötig ist. Sind Ihre Bruteier weiß, reicht häufig auch eine starke Taschenlampe für einen Blick ins Eiinnere aus. Besonders gut zu erkennen ist der Inhalt, wenn Sie das Ei beim Schieren aufrecht halten und den Raum abdunkeln. Ein befruchtetes Ei erkennen Sie früh an den feinen Adern.

Bei braunen Eiern ist es besonders schwer, etwas im Inneren zu erkennen. Sehen Sie nichts, sollten Sie die Eier nicht gleich aufgeben. Versuchen Sie es am nächsten oder übernächsten Tag noch einmal, wenn der Embryo schon etwas weiterentwickelt und größer ist.

Das Kükenheim

Für die ersten Tage und Wochen nach dem Schlüpfen brauchen die Küken einen sicheren und von den anderen Hühnern getrennten Stall: Das Kükenheim. Dies erleichtert die Pflege der Küken, und Sie können einfach und zuverlässig für die optimalen Umgebungsbedingungen sorgen. Auch die Kontrolle darüber, wie viel und was die Küken fressen, ist dadurch deutlich leichter. Am einfachsten ist es, den Gluckenstall zu einem Zuhause für die Küken umzubauen, alternativ können Sie auch ein fertiges Kükenheim kaufen. Dies kostet zwar extra, bietet aber den Vorteil, dass Temperatur und Belüftung dort automatisch geregelt werden. Bei der Kunstbrut brauchen Sie keinen Gluckenstall, sondern nur ein Kükenheim. Je nach Anzahl der Küken reicht eine einfache Kiste aus, die sie mit allem ausstatten, was die Tiere in den ersten Lebenswochen brauchen. Einer der größten Vorteile dieser Variante besteht sicherlich im gunstigen Preis. Sie benötigen nur wenige Utensilien, um ein perfektes Kükenheim zu bauen, denn die Aufzucht ist im Prinzip sogar in einer herkömmlichen Kiste möglich, sofern Sie diese mit allen wichtigen Faktoren ausstatten. Achten Sie beim Bau auf jeden Fall darauf, dass der Stall einfach zu reinigen ist. Besonders komfortabel ist dies mit einer Kotschublade möglich, die sie einfach herausziehen und ausleeren können.

Wie groß sollte das Kükenheim sein?

Eine pauschale Größe lässt sich an dieser Stelle nicht nennen. Wichtig ist, dass Sie sich für ein Modell entscheiden, in welchem sämtliche Küken Platz haben und komfortabel und glücklich aufwachsen. Neben der Anzahl der Küken sollten Sie auch die Größe der gezüchteten Rasse bedenken. Die wichtigsten Faktoren für die Auswahl der richtigen Größe des Kükenheims sind:

- Die Anzahl der Küken
- Die Größe der jeweiligen Rasse
- Die Wachstumsgeschwindigkeit der Hühner

Die perfekte Einrichtung fürs Kükenheim

Damit sich die Küken prächtig entwickeln und zu stattlichen Hühnern heranwachsen, sollten Sie ihnen die bestmöglichen Lebensbedingungen bieten. Richten Sie das Kükenheim daher nach den Bedürfnissen der Küken ein. Die Hühnerkinder brauchen in den ersten Wochen:

- Angenehme Wärme
- Keinerlei Zugluft
- Frisches Wasser
- Kükenfutter
- Ein sauberes Kükenheim

So erzeugen Sie die optimale Wärme

Bei der Kunstbrut müssen Sie die Wärme, die sonst die Glucke bietet, durch eine externe Wärmequelle ersetzen. Dazu eignen sich entweder eine Wärmelampe oder eine Wärmeplatte. Über die Platte wird eine Temperatur von 36 Grad im Kükenheim in der ersten Lebenswoche stabil gehalten.

Wärmelampen

Bei den Lampen können Sie zwischen Dunkel- und Infrarotstrahlern wählen. Dunkelstrahler (im Handel auch als Keramikstrahler erhältlich) brauchen wenig Strom und erzeugen – wie der Name schon sagt – auch Dunkelheit, in der sich die Küken besonders wohl fühlen, da dies die Situation unter dem Gefieder einer Glucke nachahmt. Nachteil an dieser Variante ist der meist hohe Preis. Diese Anschaffung lohnt sich dann, wenn Sie regelmäßig eigene Küken nachzüchten. Ebenfalls nachteilig ist die meist fehlende automatische Regelung. Sie müssen sich also selbst darum kümmern, dass die Temperatur für die Küken stimmt. Deutlich günstiger sind Infrarotlampen, allerdings können diese durch ihr helles Licht den Tag-Nacht-Rhythmus der Küken durcheinanderbringen.

Bei Wärmelampen ohne automatische Regelung steuern Sie die Temperatur über die Aufhänghöhe der Lampe über dem Boden.

Wärmeplatten

Wärmeplatten sind auf niedrigen Ständern aufgestellte Heizplatten mit geringer Wärmeentwicklung. Die Küken können darunter kriechen und sich aufwärmen. Unter der Wärmeplatte ist es nicht nur angenehm warm, sie hat auch einen leicht abdunkelnden Effekt und unterstützt damit den natürlichen Rhythmus der Küken. Durch den geringen Stromverbrauch arbeiten die Platten sehr energiesparend, sind allerdings teurer in der Anschaffung als zum Beispiel Infrarotlampen. Wie groß die Wärmeplatte sein muss, hängt von der Anzahl der Küken ab, die darunter Platz finden sollen. Für 15 Küken brauchen Sie eine Platte mit einer Größe von 25 x 25 cm, halten Sie mehr Küken, muss die Platte entsprechend größer gewählt werden.

Kükengesundheit

Damit die frisch geschlüpften Küken gesund und kräftig groß werden, müssen einige Voraussetzungen erfüllt sein. Eine der wichtigsten ist Hygiene. Dies betrifft den Kükenstall, der am besten täglich komplett gereinigt und neu eingestreut wird und vor allem auch das Trinkwasser. Im Wasser können sich leicht Keime entwickeln, die den Tieren gesundheitlich schaden. Deshalb sollten Sie das Wasser täglich wechseln und vor Verunreinigungen schützen. Am einfachsten gelingt dies mit einer Rundtränke, die für Küken geeignet ist. Weiterhin sollte das Wasser möglichst kühl stehen, denn je wärmer es ist, umso leichter wird es zum Nährboden für Viren und Bakterien.

Futterbehälter als auch Tränken sollten Sie täglich gründlich reinigen. Das Kükenfutter selbst muss sauber, trocken und kühl aufbewahrt werden. Für gesunde Küken ist es außerdem wichtig, hochwertiges Futter zu verwenden. Im Handel gibt es spezielle Futtermischungen, die auf die Bedürfnisse der Hühnerkinder perfekt zugeschnitten sind und alle wichtigen Inhaltsstoffe in der passenden Zusammensetzung enthalten. Da Küken anfällig für Durchfall sind, ist es empfehlenswert, ein mit sogenannter Kokzidiostatika angereicherte Mischungen zu wählen oder den Impfstoff über das Trinkwasser zu verabreichen.

Auch als privater Hühnerhalter sind Sie verpflichtet, Ihre Tiere zu impfen, um der Ausbreitung gefährlicher Hühnerkrankheiten vorzubeugen. Pflicht ist eine Impfung gegen die gefährliche Newcastle-Krankheit, die auch als Vogelgrippe oder Geflügelpest bekannt ist. Die Impfung der Küken erfolgt ganz unkompliziert über das Wasser. Dazu müssen Sie die Tiere nicht extra zum Tierarzt bringen, den Impfstoff erhalten Sie dort. Für die Vogelgrippe besteht folgender Impfplan:

- Grundimmunisierung im Alter von 14 Tagen
- Wiederholungsimpfung in der 7. Und 21. Lebenswoche
- Wiederholungsimpfungen zur Auffrischung im Abstand von drei Monaten

Freiwillig aber sinnvoll ist die Impfung der Küken gegen die bereits erwähnte Kokzidiose, einem Darmparasiten, der schwere Durchfälle auslöst sowie gegen die Marek-Krankheit. Letztere muss am Schlupftag der Küken in Form einer Injektion durchgeführt werden, um einen zuverlässigen Schutz zu erreichen.

Küken füttern und tränken

In der ersten Lebenswoche frisst ein Küken 8 Gramm Futter pro Tag. Diese Menge steigert sich ständig: Ist das Tier 8 Wochen alt, liegt die tägliche Futtermenge bereits bei rund 50 Gramm täglich. Damit die Tiere satt werden und dauernd an Gewicht zunehmen, ist die richtige Fütterung von entscheidender Bedeutung. Anfangs eignen sich sogenannte Längsfuttertroge, an denen viele Tiere nebeneinander Platz haben. Später sind runde Futterautomaten die richtige Wahl, da die Küken hier mehr Platz zum Fressen haben, die bereitgestellten Futtermengen größer sind und das Futter zuverlässig vor Kot und Schmutz geschützt ist.

Da man den Hühnerküken praktisch beim Wachsen zusehen kann, muss die Höhe der Futtertröge oder Automaten häufig angepasst werden. Die anfänglichen Längströge sollten etwa 4 cm hoch sein und auf dem Boden stehen, am besten etwas erhöht auf einem Holzbrettchen, damit die Tiere keine Einstreu hineinscharren können. Später werden die Futtergeschirre jeweils an die Schulterhöhe der Tiere angepasst, zum Beispiel mit Dachlatten. Wichtig ist eine stabile Lagerung, damit der Futterbehälter auch beim Gerangel am Trog nicht umfällt.

Als Wassergefäß eignen sich von Anfang an Rundtränken am besten. Die praktischen Tränken bestehen aus Kunststoff, fassen je nach Größe und Anzahl der Küken Wasser für mehrere Tage und lassen sich bequem befüllen. Besonders sicher sind Tränken mit einem Bajonettverschluss.

Nicht nur die Höhe muss angepasst werden – Je größer die Tiere werden, umso mehr Platz brauchen sie auch am Futterbehälter. Wie viel, dazu gibt das Tierschutzgesetz gute Anhaltspunkte:

Bis zur 10. Woche reicht ein Platz von 2 Zentimeter pro Tier am runden Futterautomaten und 1 cm an der Rundtränke aus. Am Längstrog müssen je Küken 2 Zentimeter Platz eingeplant werden.

Ab der 18. Woche müssen für den Rundautomaten 3 Zentimeter pro Tier zur Verfügung stehen, an der Rundtränke 1,5 cm.

Wasser und Futterbehälter sollten regelmäßig kontrolliert, gereinigt und natürlich befüllt werden, damit den Tieren jederzeit sauberes Wasser und Futter zur Verfügung stehen.

Was gibt's zu futtern?

Damit Ihre Küken zu gesunden Junghennen und anschließend zu glücklichen und kräftigen Hühnern heranwachsen, die gerne Eier legen, brauchen Sie ausreichend Futter mit speziellen Vitaminen. In den ersten drei Lebenswochen sollten Sie deshalb sogenannten "Kükenstarter" mit einem hohen Gehalt an Eiweiß und Nährstoffen füttern. Die Küken picken das mehlige Futter gerne auf. Mit etwa 8 Wochen kann das Küken bereits das Futter für die Großen mitfressen. Damit die Tiere das Futter leicht aufnehmen können, sollten Sie es mit einem Mörser oder ähnlichem zerkleinern.

Alternativ können Sie bis zur 20. Lebenswoche auch spezielles Junghennenfutter geben. Dieses Futter besteht aus leicht zerstampften Getreidekörnern.

Wundern Sie sich nicht, wenn frisch geschlüpfte Küken in den ersten 48 Stunden gar nichts fressen. Das ist normal. Die Tiere ernähren sich dann noch aus dem Dottersack, der kurz vor dem Schlüpfen in den Nabel der Tiere eingezogen wird.

Ab wann geht's in den Auslauf?

Mit etwa acht Wochen sind die Küken bereit für die ersten Ausflüge im Freilauf. Damit keine Krankheiten übertragen werden, sollte der Bereich, in dem sich die Küken aufhalten möglichst frei von Hühnerkot sein. Ebenfalls vorteilhaft ist es, wenn der Untergrund möglichst begrast wird. Wenn es draußen sehr heiß ist, sollten Sie dort einen Wassertrog oder einen Wasserautomaten aufstellen, damit die Tiere bei Bedarf genug trinken können. In diesem Alter ist das Federkleid noch nicht vollständig entwickelt, deshalb sollten die Tiere nur bei trockenem Wetter nach draußen, um Erkältungen vorzubeugen.

Das Wichtigste auf einen Blick!

- Bruteier müssen ein für die Rasse typisches Mindestgewicht erreichen und unbeschädigt sein.
- Haben Sie keinen Hahn und damit keine befruchteten Eier, können Sie diese auch beim Händler Ihres Vertrauens einkaufen.
- Für die ersten Tage und Wochen nach dem Schlüpfen brauchen die Küken einen sicheren und von den anderen Hühnern getrennten Stall: Das Kükenheim.
- Im Kükenheim muss es immer sehr sauber sein, das gilt für die Einstreu und vor allem fürs Trinkwasser.
- Auch als privater Hühnerhalter sind Sie verpflichtet, Ihre Tiere gegen die Newcastle-Krankheit zu impfen.
- In der ersten Lebenswoche frisst ein Küken 8 Gramm Futter pro Tag. Diese Menge steigert sich ständig.
- Im Alter von 8 Wochen liegt die tägliche Futtermenge bereits bei rund 50 Gramm.
- Kükenstartermischungen erfüllen den erhöhten Nährstoffbedarf der Küken in den ersten Lebenswochen.
- In den ersten 48 Stunden nach dem Schlüpfen ernähren sich Küken noch vom Dottersack und fressen nichts.

Hühner schlachten

So sehr Ihnen Ihre Hühner auch ans Herz gewachsen sind, kann es doch sein, dass das ein oder andere Tier geschlachtet werden muss. Sei es, weil Sie doch gerne einmal ein Hühnchen essen möchten oder einfach, weil ein Tier krank, verletzt oder einfach alt geworden ist. Soll oder muss eines Ihrer Hühner geschlachtet werden, haben Sie grundsätzlich zwei Möglichkeiten. Sie können einen Schlachter beauftragen oder sich selbst um diese unliebsame Aufgabe kümmern. Im folgenden Kapitel erfahren Sie, wie Sie Ihr Tier schnell, sauber und ohne Stress schlachten und welche Regeln Sie dabei beachten müssen.

Wichtiges rund ums Schlachten

Die allererste Regel beim Schlachten ist: Vermeiden Sie möglichst jeden Stress für das Tier! Dazu müssen Sie sich und auch den Schlachtplatz gut vorbereiten. Je sicherer Sie sind, umso entspannter bleibt auch das Tier bei diesem letzten Gang. Idealerweise sollten Sie, bevor Sie das erste Mal selbst schlachten, einen entsprechenden Kurs besucht haben. Angebote finden Sie im Internet, beim örtlichen Geflügelzuchtverein oder beim Veterinäramt. Die folgende Beschreibung ist als Information zum Ablauf gedacht und nicht als Anleitung für eigene Schlachtversuche. Im § 4 des Tierschutzgesetzes heißt es: "Ein Wirbeltier töten darf nur, wer die dazu notwendigen Kenntnisse und Fähigkeiten hat." Im Interesse Ihrer Tiere sollten Sie dies auf jeden Fall beherzigen, auch wenn dies im privaten Bereich nicht überprüft wird.

Bevor Sie überhaupt ans Schlachten denken, sollten Sie alles vorbereiten. Sie brauchen ein langes und sehr scharfes Messer, einen Holzstock wie zum Beispiel einen Axt- oder Besenstiel, einen Eimer für das Blut, einen sauberen, abwaschbaren Tisch, an dem Sie das Tier nach dem Schlachten ausnehmen können. Nützliche Hilfsmittel sind ein Schlachttrichter, ein großer Topf mit heißem Wasser, in dem Sie das Huhn nach dem Schlachten abbrühen können. Dies ist erforderlich für das Rupfen der Federn.

Der beste Zeitpunkt ist der frühe Morgen, wenn das Tier noch gar nicht so richtig wach ist und Sie es ohne große Umstände von der Schlafstange nehmen können. Ein weiterer Vorteil: Der Kropf des Huhnes ist weitgehend leer und es muss nicht vor dem Schlachtvorgang stundenlang fasten.

Der erste Schritt beim Schlachten besteht darin, das Huhn einzufangen und zum Schlachtplatz zu bringen. Bereits hier sollten Sie darauf achten, dass dem Tier möglichst jeder Stress erspart wird. Bei zutraulichen Tieren fällt dies leichter als bei solchen, die sich nicht so ohne Weiteres anfassen lassen.

Das Tierschutzgesetz verbietet das Schlachten von Wirbeltieren ohne vorherige Betäubung. Schon allein deshalb, aber auch, um den zur Tötung angewandten Ohrscheibenstich durchzuführen, muss das Tier stillhalten. Hinzu kommt, dass ein betäubtes Huhn sich aufgrund des geringeren Angst- und Stresspegels nach dem Schlachten viel leichter rupfen lässt. Die Betäubung erfolgt durch einen gezielten Schlag auf den Hinterkopf des Tieres. Der Schlag sollte das Tier betäuben, aber nicht töten. Ob das Tier vollständig betäubt ist, merken Sie an zwei Signalen:

- Das Tier streckt sich direkt nach dem Schlag kurz und versteift.

- Der Lidreflex fällt aus, wenn Sie das Tier am Auge berühren, zeigt es keine Reaktion.

Direkt nach der Betäubung erfolgt die Tötung mit dem Ohrscheibenstich. Falls ein Schlachttrichter vorhanden ist, wird das betäubte Tier mit dem Kopf voraus dort hineingesteckt. Für den Ohrscheibenstich wird das bereitgelegte Messer verwendet und mit der Schneidfläche nach oben durch den Hals gestochen. Dadurch wird die Hauptschlagader durchtrennt und das Tier blutet aus - Dafür steht der Eimer bereit.

Bereits wenige Sekunden nach der Betäubung setzen beim Huhn wieder die Reflexe ein und es beginnt wild zu flattern und zu zucken. Dies liegt daran, dass durch den Schlag auf den Kopf zwar Bewusstsein und Schmerzempfinden ausgeschaltet werden, aber nicht die Nervenreflexe, die vom Rückenmark gesteuert werden. Das Rückenmark sendet weiterhin motorische Signale an die Muskeln und verursacht damit die unkontrollierten Bewegungen.

Möchten Sie nicht selbst schlachten, können Sie das Tier zu einem Lohnschlachter bringen, was jedoch wiederum Stress für die Hühner durch den Transport und die ungewohnte Umgebung bedeutet. Wenn möglich, sollten Sie versuchen, den Schlachter zu sich nach Hause zu holen. Handelt es sich um eine Notschlachtung bei kranken oder verletzten Hühnern, ist der Tierarzt der richtige Ansprechpartner.

Nach dem Schlachten

Ist das Tier geschlachtet und möchten Sie es in der Küche weiterverarbeiten, ist jetzt noch einiges zu tun. Handelt es sich um eine Notschlachtung und können Sie das Huhn nicht mehr essen, dürfen Sie es auf Ihrem Privatgrundstück begraben. Alternativ gibt es auch die Möglichkeit, das Huhn vom Tierarzt einschläfern und den Körper fachgerecht entsorgen zu lassen.

Das Rupfen

Ist das Huhn vollständig ausgeblutet, sollte es sofort gerupft werden. Am leichtesten lassen sich die Federn entfernen, wenn das Tier vorher in 60 bis 70 Grad heißem Wasser abgebrüht wurde. Dazu wird das Tier etwa für 10 bis 15 Sekunden im Wasser geschwenkt, anschließend lassen sich die Federn einfach aus der Haut herausschieben oder -ziehen.

Das Ausnehmen

Nach dem Rupfen wird das Huhn ausgenommen und für die spätere Zubereitung vorbereitet. Im ersten Schritt werden die Bänder und Sehnen am Fersengelenk durchtrennt, dazu liegt das Tier am besten auf dem Rücken. Anschließend wird der Kropf durch einen Schnitt am Hals freigelegt und entfernt, ebenso können durch diesen Schnitt Speise- und Luftröhre herausgezogen werden. Die Innereien entnehmen Sie über einen Bauchschnitt, achten Sie dabei darauf, dass Sie den Darm nicht treffen.

Das Ausnehmen eines Huhns braucht Einiges an Sorgfalt und Übung, deshalb sollten Sie sich die ersten Male von jemandem unterstützen lassen, der mit den Feinheiten und Techniken vertraut ist.

Rechtliches rund ums private Schlachten

Falls Sie Tiere ausschließlich für den Eigenbedarf schlachten, müssen Sie nur auf wenige rechtliche Aspekte achten, im Grunde ist nur das Tierschutzgesetz relevant. So dürfen Sie zum Beispiel Folgendes nicht tun:

- Das Tier ohne Betäubung und unter Schmerzen schlachten, zum Beispiel durch Kopf abschlagen, wie es früher häufig üblich war.

- Das Tier ohne Kenntnis und die entsprechenden Fähigkeiten schlachten. Sie müssen sich sicher sein, dass die Schlachtung präzise auch auf den ersten Versuch gelingt.

Möchten Sie die geschlachteten Hühner nicht nur selbst verzehren, sondern an andere weitergeben, benötigen Sie einen Sachkundenachweis. Weiterhin dürfen Sie die Tiere nur in einem speziellen Schlachtraum töten, der vielen hygienischen und funktionalen Anforderungen entsprechen muss. Welche das sind, soll hier nicht näher erläutert werden, da es in diesem Buch ausschließlich um die private Hühnerhaltung geht.

Welche Hühner eignen sich zum Schlachten?

Haben Sie eine eigene Nachzucht und möchten nicht nur die Eier, sondern auch das Fleisch Ihrer Hühner genießen, eignen sich junge Hähne am besten zum Schlachten. Entscheiden Sie sich für ein Huhn, sollte dieses maximal ein Jahr alt und gut genährt sein. Ältere Legehennen, die geschlachtet werden, können gut zu Hühnersuppe verarbeitet werden. Bei der Auswahl sollten Sie außerdem eher Tiere wählen, die weniger gut in die Gruppe integriert sind oder Verhaltensauffälligkeiten zeigen oder auch Hennen, die sich nicht als Glucke eignen.

Schlachten Sie ein Tier, weil es krank ist oder offensichtlich an Schmerzen leidet, sollten Sie dieses am besten nicht mehr verzehren.

Rechtliches rund um die private Hühnerhaltung

Bei der privaten Haltung von Hühnern muss auch rechtlich so Einiges berücksichtigt werden. Die verschiedenen Gesetze und Vorschriften beziehen sich auf verschiedene Bereiche wie Futtermittel, Tierschutz, Gesundheits- und Hygieneverordnungen, Baurecht und Nachbarschaftsrecht. Einige Regelwerke spielen für Hobby-Hühnerhalter zwar nur eine untergeordnete Rolle, dennoch ist es empfehlenswert, sich einen Überblick über alle Rechtsvorschriften rund ums Huhn zu verschaffen. So gehen Sie auf Nummer sicher, dass Sie sowohl bei der Planung des Hühnerstalls wie auch bei der Haltung der Hühner Stolperfallen vermeiden.

Im Folgenden werden die wichtigsten Regelungen genannt. Sie sollten bereits ganz am Anfang Ihrer Laufbahn zum privaten Hühnerhalter Rücksprache mit dem Veterinäramt und der Baubehörde halten, denn örtlich können besondere Regelungen gelten.

Gesetze und Verordnungen rund ums Hühnerfutter

In der professionellen Nutztierhaltung spielt das Futtermittelrecht eine wichtige Rolle. Die Herstellung erfolgt nach strengen gesetzlichen Regelungen. Neben der Zusammensetzung ist eine gute Hygiene wichtig: Ist das Futter durch Keime verunreinigt, erkranken die Tiere.

Die Herstellung und Verwendung von Futtermitteln sind EUweit und in Deutschland selbst streng geregelt. Dies betrifft Futtermittel für die Nutztierhaltung ebenso wie für Heimtierfutter. Folgende Vorschriften sind in Deutschland relevant:

- Lebensmittel- und Futtermittelgesetzbuch
- Futtermittelverordnung
- Futtermittelkontrolleur-Verordnung
- AVV Rahmen-Überwachung - AVV Rüb
- Verordnung zu Mitteilungs- und Übermittlungspflichten zu gesundheitlich nicht erwünschten Stoffen

Weiterhin gibt es verschiedene EU-Rechtsvorschriften, die Futtermittel, deren Herstellung und Verwendung europaweit regeln.

Als privater Hühnerhalter brauchen Sie sich zum Glück nur sehr begrenzt an diese Regelungen zu halten. Erst dann, wenn Sie Ihre Eier oder Hühner gewerblich weiterverkaufen, sind Sie auch in der Pflicht, alle Regelungen einzuhalten. Auf jeden Fall sollten Sie hochwertiges Futter verwenden, das an den Nährstoffbedarf Ihrer Tiere angepasst ist. Dies sorgt nicht nur für einen guten Eier-Ertrag, sondern auch für gesunde und aktive Hühner.

Das Tierschutzgesetz

In Deutschland regelt ein umfangreiches Rechtswerk die artgerechte Haltung und Behandlung von Tieren. Auch dieses Gesetz ist eher für kommerzielle Hühnerhalter relevant. Hobbyhalter können sich jedoch an den im Tierschutzgesetz vorgeschriebenen Mindestanforderungen an die Hühnerhaltung orientieren – und diese am besten überschreiten. Hühner sind sehr bewegungsfreudig, deshalb gilt: Je mehr Platz, umso besser. Weitere Aspekte, mit denen sich das Tierschutzgesetz befasst, sind neben der Haltung zum Beispiel:

- Das Töten von Tieren
- Zucht und Handel

Grundsätzlich gilt: Tiere dürfen nicht unnötig Schmerzen oder Leid ausgesetzt werden. Im § 2 des Tierschutzgesetzes sind die wichtigsten Grundlagen zusammengefasst:

„Wer ein Tier hält, betreut oder zu betreuen hat,

1. muss das Tier seiner Art und seinen Bedürfnissen entsprechend angemessen ernähren, pflegen und verhaltensgerecht unterbringen,

2. darf die Möglichkeit des Tieres zu artgemäßer Bewegung nicht so einschränken, dass ihm Schmerzen oder vermeidbare Leiden oder Schäden zugefügt werden,

3. muss über die für eine angemessene Ernährung, Pflege und verhaltensgerechte Unterbringung des Tieres erforderlichen Kenntnisse und Fähigkeiten verfügen."

Verlassen Sie sich nicht nur auf den gesunden Menschenverstand. Denn Sie können Ihren Hühnern auch aus Unwissenheit Leid oder Schmerzen zufügen, zum Beispiel weil Sie sie nicht artgerecht halten, ungeeignetes Futter geben oder Krankheiten falsch behandeln. Deshalb sollten Sie sich auf jeden Fall gründlich über die Hühnerhaltung informieren.

Hühnergesundheit

Die Gesundheit Ihrer Hühner ist nicht nur für Sie und Ihre Hühner wichtig. Denn Krankheiten, die in Ihrem Bestand ausgebrochen sind, können sich ausbreiten und auf andere Hühnerställe oder sogar auf den Menschen überschlagen. Um dies zu verhindern, gibt es verschiedene Gesetze und Verordnungen, die den Behörden einen Überblick über die vorhandenen Bestände ermöglichen und im Falle von bereits ausgebrochenen Krankheiten greifen:

Das Seuchengesetz

Ihre Hühnerbestände müssen Sie beim zuständigen Veterinäramt anmelden, in Deutschland muss über die Haltung von Hühnern zusätzlich die Tierseuchenkasse informiert werden. Weiterhin besteht eine Impfpflicht. Alle Hühner müssen regelmäßig gegen die "Newcastle Krankheit", auch als Vogelgrippe bekannt, geimpft werden. Bricht in Ihrem Hühnerstall eine Krankheit aus, gilt folgende Vorschrift:

> Treten in einem Geflügelbestand mit einer Herdengröße von weniger als 100 mindestens drei Todesfälle innerhalb von 24 Stunden auf, sind Sie als Halter verpflichtet, einen Tierarzt zu rufen.

Die Geflügelpest-Verordnung

Die Geflügelpest ist eine Viruserkrankung, die Hühner, Puten und viele andere Vogelarten befallen kann. Als Überträger zählen vor allem Wildenten, die das Virus häufig in sich tragen, ohne selbst zu erkranken. Um Ausbrüche und Verbreitung der Krankheit zu verhindern, gibt es die Geflügelpest-Verordnung, die insbesondere folgende Vorschriften enthält:

- Halten Sie Hühner, müssen Sie dies dem zuständigen Veterinäramt und der Tierseuchenkasse melden. Grundsätzlich gilt, dass Sie die Behörden immer auf dem aktuellen Stand halten müssen, wie viele Hühner Sie gerade halten.

- Erkranken Ihre Hühner an der Geflügelpest, müssen Sie sofort den Tierarzt bzw. das Veterinäramt informieren.

- Vorschriften gibt es auch hinsichtlich der Fütterung. So ist es verboten, an Stellen zu füttern, zu denen Wildvögel Zugang haben (also im Außenbereich). Sie dürfen Ihren Hühnern kein Wasser geben, von dem auch Wildvögel trinken könnten (also zum Beispiel Wasser aus dem nahegelegenen Bach oder Fluss).

- Sie müssen Einstreu, Futter und alle anderen Gegenstände, die für Ihre Hühner gedacht sind, außerhalb der Reichweite von Wildvögeln lagern (also auf jeden Fall in einem abgeschlossenen Raum).

Im Jahr 2013 wurde die bis dahin geltende Stallpflicht für Geflügel, die eine artgerechte Haltung stark erschwerte, aufgehoben. Allerdings können die Behörden eine Stallpflicht regional anordnen, falls ein erhöhtes Risiko für die Übertragung der Geflügelpest (oder auch anderer Krankheiten wie der Vogelgrippe) besteht.

Die Hühner-Salmonellen-Verordnung

Diese Verordnung schreibt eine Impfung gegen Salmonellen vor. Sie betrifft in der Regel nur große Hühnerbestände, die Eier gewerblich produzieren und verkaufen.

Das Arzneimittelrecht – Nachweispflicht für die Hühnerhausapotheke

Setzen Sie bei Ihren Hühnern apothekenpflichtige Medikamente ein, müssen Sie diese im Ernstfall nachweisen können. Deshalb sollten Sie für alle Arzneimittel die Kauf- oder Verschreibungsbelege aufheben und außerdem dokumentieren, welche Tiere die Mittel erhalten haben. Diese Festlegung aus der "Tierhalter-Arzneimittel-Verordnung" spielt zwar für die private Haltung eine sehr geringe bis gar keine Rolle, dennoch sind Sie auf der sicheren Seite, falls es – zum Beispiel beim Ausbruch von Seuchen – zu Nachfragen durch den Tierarzt oder die Behörden kommt.

Das Lebensmittelrecht

Sobald Sie die Eier Ihrer Hühner an Freunde oder Bekannte abgeben, müssen Sie sich an die Vorschriften aus dem Lebensmittelrecht halten. Hier greift die Verordnung (EG) Nr. 852/2004 des Europäischen Parlaments und des Rates vom 29. April 2004 über Lebensmittelhygiene. Die Verordnung schreibt für Hühnerhalter, die Eier abgeben, Folgendes vor:

- Die Eier stammen von Ihren eigenen Hühnern und werden an Endkunden zum Eigenverbrauch abgegeben.

- Die Eier dürfen nicht nach Güte- und Gewichtsklassen sortiert sein.

- Vom Legen bis zur Abgabe müssen die Eier sauber, trocken und frei von Fremdgerüchen gelagert und vor Sonneneinstrahlung und mechanischer Belastung (Stößen) geschützt sein.

- Die Eier müssen bei einer möglichst konstanten Temperatur aufbewahrt und transportiert werden.

- Das Mindesthaltbarkeitsdatum endet am 28. Tag nach dem Legetag.

- Eier, die mehr als drei Wochen alt sind, dürfen nicht mehr abgegeben werden.

- Beschädigte Eier dürfen nicht abgegeben werden.

- Eierverpackungen aus Pappkarton dürfen nur einmal verwendet werden.

Planen Sie, Ihre überzähligen Eier auf dem Wochenmarkt zu verkaufen, gelten gesonderte Regelungen für gewerbliche Anbieter.

Das Baurecht

In Deutschland dürfen Gebäude nur mit Baugenehmigung errichtet werden, welche Regeln jeweils gelten, steht in den Landesbauordnungen der einzelnen Bundesländer. Planen Sie einen Hühnerstall für die Haltung von nur wenigen Hühnern, sind Sie allerdings in der Regel nicht betroffen. Mobile Hühnerställe oder Volieren sind ohnehin genehmigungsfrei, und selbst bei größeren Gebäuden dürfen Sie aller Wahrscheinlichkeit auch ohne Genehmigung bauen. Die gesetzliche Grenze für genehmigungsfreie Bauten liegen meist in der Größenordnung zwischen 30 und 50 m^2 sowie einer Höhe von maximal 3,0 Metern. Vorsichtshalber sollten Sie sich – falls Sie ein richtiges Hühnerhaus errichten möchten – mit der zuständigen Gemeinde oder dem örtlichen Bauamt in Verbindung setzen und sich über die geltenden Vorschriften informieren.

Und was kostet das nun alles?

Sie sind nun am Ende dieses Buches angelangt, und eine wichtige Frage wurde bisher noch nicht beantwortet. Was kostet die private Hühnerhaltung? Die Antwort darauf ist erst einmal wenig befriedigend: Es kommt darauf an. Auf die Anzahl der Hühner, welchen Hühnerstall Sie wählen, wie groß der Auslauf ist, für welche Hühnerrasse Sie sich entscheiden und vieles mehr. Damit Sie dennoch einen Überblick erhalten, finden Sie hier beispielhaft eine Kostenaufstellung für die Anschaffung und Haltung von sechs Hühnern.

Die einmaligen Anschaffungskosten

Hühnerstall:	400 bis 1.000 Euro
Futter- und Trinkbehälter:	12 bis 50 Euro
Umzäunung:	50 bis 300 Euro (abhängig von der Größe des Freilaufs und der gewählten Umzäunung auch deutlich mehr)
Hühner (Kosten pro Huhn):	7 bis 70 Euro

Schaffen Sie sich sechs Hühner an, können Sie also mit Kosten zwischen 500 und 1.770 Euro rechnen.

Die laufenden Kosten pro Jahr

Futter:	220 bis 450 Euro
Einstreu:	60 bis 220 Euro
Gesundheitsmittel:	180 Euro

Pro Jahr kommen Sie auf laufende Kosten zwischen 460 und 850 Euro oder knapp 40 bis rund 70 Euro pro Monat.

Rechnen Sie dann noch die Kosten der vielen Eier ab, die Sie nicht mehr im Handel kaufen müssen, wird die Hühnerhaltung im Vergleich mit den vielen Vorteilen, die sie bringt, zu einem guten Geschäft.

Einige Worte zum Schluss

Ziel dieses Buches ist es, Sie als Einsteiger in die private Hühnerhaltung umfassend zu informieren. Dabei war es mir nicht nur wichtig, Ihnen eine Starthilfe an die Hand zu geben, die alle Fakten enthält, sondern auch einen Einblick in die Welt der Hühner, ihre Charaktereigenschaften, Fähigkeiten und speziellen Bedürfnisse zu geben. Ich hoffe, dies ist gelungen, und Sie können sich schon bald an Ihren eigenen Hühnern im Garten und täglich frischen Eiern erfreuen.

Sicher werden Sie schnell erkennen, dass Hühner mehr sind als reine Nutztiere. Sie können durch Ihre Empathie, Ihr ausgeprägtes Sozialverhalten und Ihr Interesse am Menschen zu Haustieren werden, die das Leben bereichern.

Falls Ihnen etwas besonders gut oder auch gar nicht gefallen hat, freue ich mich über ein Feedback. Schreiben Sie mir gerne Ihre Meinung an folgende E-Mail-Adresse: IhreMeinung@web.de. Jede Mail wird gelesen, und Fragen zum ein oder anderen Punkt im Buch beantworte ich natürlich ebenfalls gern.

Stichwortverzeichnis

T

V

W

Bildnachweis

Die Bilder aus diesem Buch stammen von Istockphoto.com und depositphoto.com

Impressum

Petra Noack wird vertreten durch:

Alexandra Wagner

Gertrudstr. 1

19348 Perleberg

Covergestaltung und -konzept: Janet Levrel

Printed in Poland
by Amazon Fulfillment
Poland Sp. z o.o., Wrocław

70781678R00108